"十四五"航空运输类空中乘务专业系列教材
上海高职高专院校市级精品课程

Dangerous Goods Transportation For Flight Attendants

民航危险品运输

主 编／曲倩倩（上海民航职业技术学院）

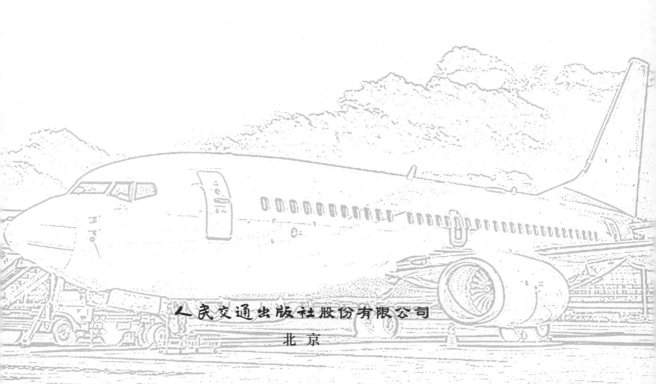

人民交通出版社股份有限公司
北京

内 容 提 要

本书基于中国民用航空局对空乘人员的危险品培训要求，结合教学实际和空乘人员岗位需求的相关内容而编写。本书选取大量案例和现场图片，共六章，内容包括：绪论、危险品分类、危险货物的托运、危险货物的操作、危险品的运输限制和危险品机上应急处置。

本书可作为高等院校空中乘务、民航运输等相关专业的专业教材，也可供民航相关从业人员参考使用。

图书在版编目（CIP）数据

民航危险品运输 / 曲倩倩主编. — 北京：人民交通出版社股份有限公司, 2019.8

ISBN 978-7-114-15664-9

I.①民⋯　II.①曲⋯　III.①民用航空－危险货物运输－教材　IV.①V353

中国版本图书馆CIP数据核字(2019)第130950号

Minhang Weixianpin Yunshu

书　　　名：民航危险品运输
著 作 者：曲倩倩
责任编辑：吴燕伶
责任校对：张　贺
责任印制：张　凯
出版发行：人民交通出版社股份有限公司
地　　　址：（100011）北京市朝阳区安定门外外馆斜街3号
网　　　址：http://www.ccpcl.com.cn
销售电话：（010）85285857
总 经 销：人民交通出版社股份有限公司发行部
经　　　销：各地新华书店
印　　　刷：北京市密东印刷有限公司
开　　　本：787×1092　1/16
印　　　张：13
字　　　数：300千
版　　　次：2019年8月　第1版
印　　　次：2025年1月　第6次印刷
书　　　号：ISBN 978-7-114-15664-9
定　　　价：39.00元

（有印刷、装订质量问题的图书由本公司负责调换）

前言
Preface

近年来,中国经济的发展以及进出口贸易的增长,带动了航空运输市场的蓬勃发展。航空运输市场包括货运市场和客运市场。货运方面,航空货物中包含很多的危险品,比如一些新兴的电子设备、化工产品以及医药产品,这些危险货物既可能装载在客机的货舱里,也可能装载在全货机上。客运方面,随着人们生活方式的改变以及科技的发展,旅客会携带一些危险品登机。危险品由于其特殊的物理性质和化学性质,在运输中存在安全隐患,在航空运输中加强危险品运输安全监管,已成为各国民航部门的共识。中国民用航空局每年均会开设数次危险品宣贯班,对危险品运输的安全极为重视。

保证危险品运输安全需要民航各个相关岗位人员的配合,这些工作人员都需要接受自己岗位相对应的危险品知识的培训,中国民用航空局将需要接受危险品培训的员工分为十二类,客舱机组作为其中的第十一类人员,必须经过相应的危险品知识的培训并考核合格后才可以上岗。

国际民航组织《危险物品安全航空运输技术细则》、国际民航运输协会《危险品规则》以及中国民用航空局《中国民用航空危险品运输管理规定》等规则、规范中,对客舱机组人员应具备的危险品运输知识均有具体规定,要求空乘人员具备关于危险品航空运输的基本原理、限制、标记与标签、未申报危险品的识别、旅客和机组的规定以及紧急情况的处置等知识。

上海民航职业技术学院是隶属于中国民用航空局的五所高校之一,航空乘务系开设危险品运输课程在同类院校中历史悠久,教学团队积累了丰富的教学经验和课程案例,打造了危险品在线学习和测试平台,这门课程在 2017 年被评为"上海高职高专院校市级精品课程"。本教材基于中国民用航空局对空乘人员的危险品培训要求,针对岗位需求的相关内容来编写,选取了大量的案例素材和现场图片,力求以直观的方式呈现,提升学生的学习体验。对于岗位不要求但在整个危险品航空运输中不可或缺的环节也进行了必要介绍,目的是使学生对危险品运输过程的全貌有整体认识,从而更好地履行自己的职责。这样的编排既有很强的岗位针对性,又保持了内容的完整性。本书既可以作为高等院校相关专业的专业教材,也可作为民航乘务人员的自学资料和参考书。

　　本教材由上海民航职业技术学院曲倩倩担任主编。在编写过程中,得到了业内专家和航空公司同仁们的帮助和指导,在此一并向他们表示衷心的感谢!由于编者水平有限,书中难免存在不足之处,敬请各位读者批评指正,以期待进一步的完善及改进,不胜感谢!

编　者

2019 年 4 月

目录

Contents

第一章

绪　论

第一节
航空危险品概述

引例 　2010年9月3日，美国联合包裹运输公司（United Parcel Service of America，UPS）6号班机由阿联酋迪拜飞往德国科隆。该航班由一架波音747-400F执飞，起飞不久后货舱起火，飞机失去控制坠毁（图1-1）。机组2名成员全部死亡。

经调查，本次事故的原因在于货舱中装载的危险品——锂电池起火燃烧。货舱单显示，UPS航空6号航班搭载了几十箱锂电池和含有锂电池的电子产品（多达8100粒）。这些锂电池的燃烧温度超过了1100℃，烧穿了货舱的衬垫，破坏了飞机的操控系统，而且货舱中的灭火设备根本无法灭掉剧烈的大火，最终导致惨剧的发生。

本次事故导致美国政府对锂电池航空货运实行新的限制措施，该措施包括对锂电池包装的新要求及对锂电池和电子产品运输的限制。

a)　　　　　　　　　　　　　　　　b)

图1-1　UPS 6号班机空难

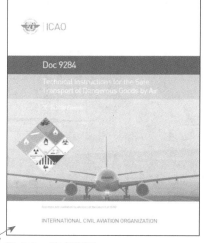

图1-2　技术细则

在航空运输中，客运和货运都有可能包含危险品，而危险品具有潜在危险特性，会给运输带来风险。在我国，不同领域和行业根据自身的特殊性，对危险品的称谓和界定有所不同。例如，化工行业称其为危险化学品，指的是具有毒害、腐蚀、爆炸、燃烧、助燃等性质，对人体、设施、环境具有危害的剧毒化学品和其他化学品；在民航业，我们称其为危险品，按照国际民航组织（International Civil Aviation Organization，简称ICAO）在《危险物品安全航空运输技术细则》（Technical Instructions for the Safe Transport of Dangerous Goods by Air，简称《技术细则》）（图1-2）中给出的定义：能对健康、安全、财产或环境构成危险，并在《技术细则》的危险品品名表（图1-3）中列明或根据《技术细则》进行分类的物品或物质称为危险品。

名称	UN编号	类别或项别	次要危险性	标 签	国家差异条款	特殊规定	UN包装等级	例外数量	客机和货机		仅限于货机	
									包装说明	每个包装件最大净量	包装说明	每个包装件最大净量
1	2	3	4	5	6	7	8	9	10	11	12	13
Alcoholic beverages containing more than 24% but not more than 70% alcohol by volume 含酒精饮料，按体积计，含酒精大于24%，但不大于70%	3065	3		Liquid flammable 易燃液体	A9 A58	III	E1	355 Y344	60 L 10 L	366	220 L
Alcohol, industrial, see **Alcohols, n.o.s.** or **Alcohols, toxic, flammable, n.o.s.** 醇类，工业的，见醇类，未另作规定的或醇类，毒性，易燃，未另作规定的												
Alcohols, n.o.s.* 醇类，未另作规定的*	1987	3		Liquid flammable 易燃液体	A3 A180	II III	E2 E1	353 Y341 355 Y344	5 L 1 L 60 L 10 L	364 366	60 L 220 L
Alcohols, flammable, toxic, n.o.s.* 醇类，易燃，毒性，未另作规定的*	1986	3	6.1	Liquid flammable & Toxic 易燃液体和毒性物质	A3	I II III	E0 E2 E1	FORBIDDEN 禁运 352 Y341 355 Y343	 1 L 1 L 60 L 2 L	361 364 366	30 L 60 L 220 L
Aldehyde, see **Aldehydes, n.o.s.** (UN No. 1989) 醛，见醛类，未另作规定的 (UN No. 1989)												

图 1-3 危险品品名表节选

第二节
危险品进入飞机的途径

引例

　　2018 年 9 月 28 日，印度尼西亚中苏拉威西省发生强烈地震及海啸，造成大量人员伤亡和财产损失。北京时间 10 月 9 日下午 2 点半，一架载有首批 25t 中国政府向印尼政府紧急提供的人道主义援助物资的中国邮政航空公司波音 757 飞机安全抵达印尼巴厘巴板机场，并通过中国驻印尼大使馆工作人员快速完成交接工作。据悉，根据印尼方需求，中国政府决定向印尼政府提供帐篷、净水器、发电机等援助物资总计110t，从 9 日起，通过中国邮政航空公司包机分五批次运抵印尼。这些救援物资中有大量的航空危险品，如图 1-4 所示。

图 1-4　印尼地震救援物资

既然危险品会给航空安全带来隐患,航空运输历史上也发生过大大小小的危险品运输事故,那么为什么还要运输危险品呢?一方面,旅客随身携带的很多日常用品,如手机、香水,或因为身体原因需要携带的便携式医疗设备是旅客的生活必需品,这些物品在符合一定规则的前提下予以携带是合理的(旅客随身携带危险品的限制规定参见本教材第五章第二节);另一方面,危险品运输利润远高于普通货物的运输利润,危险品运输需求的增长是航空公司收入增长的着力点;除此之外,抢险救灾等重大紧急运输中也可能包含大量的危险品物资。综上所述,危险品航空运输客观存在。

危险品进入飞机有如下几种途径:

(1)经营人物资中的危险品。

(2)客运途径带入的危险品。

(3)货运途径带入的危险品。

危险品装机流程图如图 1-5 所示。

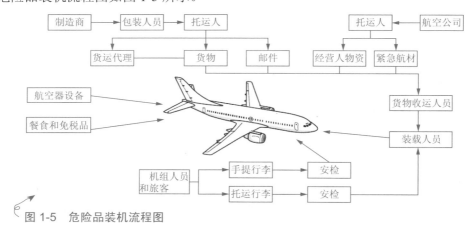

图 1-5　危险品装机流程图

一、经营人物资中的危险品

经营人物资中的危险品包括航空器设备中的危险品、客舱服务消费品中的危险品、固体二氧化碳(干冰)、采用电池供电的电子设备、航空器零备件。

（一）航空器设备中的危险品

航空器设备中的危险品指的是已分类为危险品，但按照有关适航要求、运行规定或经营人所属国家的规定，为满足特殊要求而装载于航空器内的物品或物质。这些设备分布在航空器的不同位置，是航空器正常运行的必要条件，虽然属于危险品的范畴，但属于例外情况，不适用于危险品运输规则的限制，如应急逃离滑梯（图1-6）。

（二）客舱服务消费品中的危险品

客舱服务消费品中的危险品指的是在航班（特别是国际航班）上，使用或出售的物品，包括气溶胶、香水、酒精饮料、含有锂电池的轻便电子设备等，但不包括一次性气体打火机和减压条件下易泄漏的打火机。这些物品亦属于例外情况，如图1-7所示。

图1-6 应急逃离滑梯

图1-7 客舱服务消费品

（三）固体二氧化碳（干冰）

在航空器上，用于冷藏服务用食品和饮料的固体二氧化碳（干冰）也属于例外情况，不适用于危险品运输规则的限制。

（四）采用电池供电的电子设备

采用电池供电的电子设备指营人在航班飞行中使用的含有锂金属或锂离子电芯（电池）的电子设备（如电子飞行包、个人娱乐设备、信用卡读卡器等）及其备用锂电池（未使用的备用锂电池必须单独作防短路保护）。这些设备的运输和使用条件以及备用电池的携带必须在运行手册和/或其他适用的手册中注明，以便飞行机组、客舱机组和其他雇员履行其职责。这些物品属于例外情况，不适用于危险品运输规则的限制。

（五）航空器零备件

除非经营人所属国家另有授权，运输用以替换航空器设备的物品和物质，或被替换下来的所述物品和物质时，必须遵守危险品运输规则；但经营人使用专门设计的容器运输上述物品和物质时可以例外，条件是容器至少能够满足《技术细则》中关于此种物品或物质包装的要求。

除非经营人所属国家另有授权，运输客舱服务消费品和固体二氧化碳（干冰）的替换物时，必须遵守危险品运输规则。

除非获得经营人所属国家授权，运输采用电池供电的电子设备的替换设备及其备用锂电池必须遵守危险品运输规则。

二、客运途径带入的危险品

客运途径带入的危险品（图1-8）是指由旅客、机组人员按规定要求，以交运行李、手提行李或随身携带的方式带入的危险品，其中交运行李中的危险品被装载到航空器的货舱，手提行李或随身携带的危险品被带入航空器的客舱。

a）   b）

图1-8 客运途径带入的危险品

三、货运途径带入的危险品

货运途径带入的危险品是指由托运人、托运代理人等交运，由货运部门按危险品运输规则接收，并按特种货物运输流程安排运输的危险品。这部分危险品通常会被装载在航空器的货舱中，并以货物、邮件快件或代理人集运货等形式出现，如图1-9所示。

a）   b）

图1-9 货运途径带入的危险品

小链接

危险品托运代理人是指托运人授权，与托运人签订合同，在航空货运单或者货物记录上署名的人，其主要从事危险品的识别、包装，粘贴标记标签和准备运输文件。危险品货运销售代理人是指经营人授权，代表经营人从事货物航空运输销售活动的企业，其主要从事危险品的检查、收货和订舱。危险品地面服务代理人是指经营人授权，代表经营人从事各项航空运输地面服务的企业，其主要从事危险品的安检、存储和装载。

第三节
危险品运输法律法规

　　危险品通过多种途径会出现在飞机上，而事实上，危险品运输市场经过这么多年的发展，已经具备了相对完善的国际、国内的危险品运输法律法规。在运输中，只要严格遵守这些法律法规，就可以保障飞行安全。本节介绍危险品运输相关的国际、国内法律法规。

一、国际法律法规及规范

　　危险品运输国际法律法规体系由联合国危险品运输专家委员会、国际原子能机构颁布的建议措施与标准，以及 ICAO 发布的国际公约与法规文件组成。同时，国际航空运输协会（International Air Transport Association，IATA）等机构制定的具体操作规则与培训手册等是这一系列法规的重要支持性操作文件。上述法规之间的约束关系如图 1-10 所示。

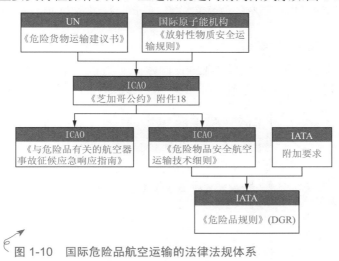

图 1-10　国际危险品航空运输的法律法规体系

　　（一）《关于危险货物运输的建议书　规章范本》和《关于危险货物运输的建议书　实验与标准手册》

　　《关于危险货物运输的建议书　规章范本》（Recommendations on the Transport of Dangerous Goods Model Regulations）（简称《规章范本》）是联合国经济与社会理事会危险物品运输专家分委会根据现在危险货物运输发展的技术要求，特别是为了确保人身、财产和环境安全的需要，所编写的具有指导意义的有关国际危险品运输的各项建议性措施。这些措施建议适用于海、陆、空等各种运输形式。由于《规章范本》的封面是橘黄色的，所以又称为橙皮书，如图 1-11a）所示。

　　《关于危险货物运输的建议书　实验与标准手册》（Recommendations on the Transport of Dangerous Goods Manual of Tests and Criteria）是《规章范本》的补充，主要介绍联合国对某

些类别危险货物的分类方法及其做出适当分类的实验方法和程序,如图 1-11b)所示。

a)   b)

图 1-11 《关于危险货物运输的建议书 规章范本》及《关于危险货物运输的建议书 实验与标准手册》

(二)《放射性物质安全运输条例》

《放射性物质安全运输条例》(图 1-12)是国际原子能机构根据放射性物品运输的有关安全要求制定的针对放射性物品运输的重要规则。其适用于海、陆、空等各种运输形式。

图 1-12 放射性物质安全运输条例

(三)《国际民用航空公约》附件 18

《国际民用航空公约》附件 18(图 1-13)是国际民航组织为了满足各缔约成员关于制定国际统一的危险品安全航空运输管理规定的要求,依据《关于危险货物运输的建议书 规章范本》和《放射性物质安全运输条例》而制定、发布的,是各缔约成员在进行航空运输危险品时必须遵守的国际性标准。《国际民用航空公约》附件 18 是个纲领性文件,是管理危险品国际航空运输的概括性规定,各缔约成员可以在此基础上制定适合自己情况的、更加严格的法律法规。

图 1-13　国际民用航空公约附件 18

（四）《危险物品安全航空运输技术细则》和《危险物品安全航空运输技术细则补篇》

ICAO 公布的《危险物品安全航空运输技术细则》是国际上公认的民航危险品运输技术规范。《国际民用航空公约》附件 18 中关于鉴别危险品国际运输的概括性规定,由《技术细则》进行具体和详细的说明,其基本宗旨在于保障国际航空运输的安全,每两年更新一次。

《危险物品安全航空运输技术细则补篇》(简称《技术细则补篇》)是对《技术细则》基本内容的一般性补充或更深入的解释。其为各国提供了处理危险品运输许可和豁免事宜的信息,每两年更新一次,如图 1-14 所示。

a)　　　　　　　　　　　　　b)

图 1-14　《技术细则》和《技术细则补篇》

（五）《与危险物品有关的航空器事故征候应急响应指南》

《与危险物品有关的航空器事故征候应急响应指南》简称红皮书，是国际民航组织定期发布的建议性指导文件之一。该文件是根据《国际民用航空公约》附件 18 和《技术细则》中有关向机组成员提供危险品运输紧急情况下的应急行动指南的要求编制的，目的是指导各国和经营人制定处理航空器上危险物品事故征候的政策和程序。该文件以检查单的形式为飞行机组和客舱机组提供机上应急响应指导建议，旨在能够与经营人飞行手册中现有的应急处置程序一起使用，每两年更新一次。如图 1-15 所示。

（六）《危险品规则》

为了使国际航空危险品运输更具有操作性，IATA 结合《规章范本》《技术细则》及各个航空公司对运输危险品的差异规定，颁布了《危险品规则》（Dangerous Goods Regulations，简称 DGR），如图 1-16 所示。DGR 现已被 IATA 的航空公司成员普遍接受并被广泛应用，成为国际上危险品运输的标准文本。DGR 是航空公司每天都在使用的行业文件，它包括了《技术细则》的所有要求，而且基于运营和行业标准实践方面的考虑，其在某些方面限制更为严格。该手册每年更新一次，新版本于每年的 1 月 1 日生效。

图 1-15 《与危险物品有关的航空器事故征候应急响应指南》

图 1-16 《危险品规则》

二、国内法律法规

我国国内危险品运输可以追溯到 20 世纪 50 年代。那时，航空运输的危险品主要是农药和极少量的放射性同位素。我国民航部门为此先后拟定了《危险品载运暂行规定》和《放射性物质运输的规定》。20 世纪 60 年代，为确保航空运输的安全，民航部门规定民航客货班机上一律不载运化工危险品和放射性同位素。在此后的数十年间,随着我国对外交往活动的日趋活跃,对外贸易的不断发展,进口化学危险品的空运需求不断增多。虽然国内航线上不能载运危险品,但越来越多的化学危险品走进人们的生活,使民航部门不得不面对如何确定托运人所托运的货物是否属于危险品、是否可以收运的问题。而外航承运到达中国的货物中也常包含危险品,而最终目的地通常为需要转运的其他国内城市。因此中国民航尝试放开部分航空公司在某些国际及国内航线上的危险品运输,并最终于 1996 年颁布了《中国民用航空危险品运输管理规定》(CCAR-276TR)[民航总局令第 48 号]。该规定于 1996 年 2 月 27 日制定,自 1996 年 3 月 1 日起施行,共有 7 条规定,公布了"中国民用航空危险品品名表",并确定了载运"危险品品名表"中的危险品时,应当报经国家民航总局审批等管理模式。

进入 21 世纪后,随着全球经济一体化时代的到来,民航运输业发展迅猛,客货运输量大幅增加,其中危险品航空运输的需求呈现井喷态势,原有一票一审批的管理模式不能适应现实的需要。因此 2004 年 9 月 1 日,民航总局颁布了《中国民用航空危险品运输管理规定》(CCAR-276)[民航总局令第 121 号],开启了多年来中国民航危险品航空运输禁运的大门,危险品航空运输从此走向了法制化、正规化道路。在总结近十年来危险品航空运输管理的经验和教训的基础上,2013 年 9 月 22 日,中国民航局颁布了《中国民用航空危险品运输管理规定》(CCAR-276-R1)[民航局令第 216 号],通过强化危险品航空运输托运人和经营人的责任,进一步规范他们的行为,并落实了危险品航空运输整体链条中托运人的代理人、经营人的销售代理人、经营人的地面服务代理人、培训机构等的主体责任。中国民航危险品运输的发展如图 1-17 所示。

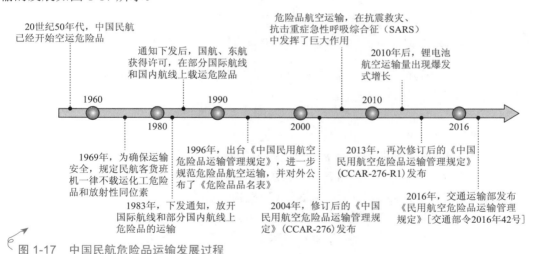

图 1-17 中国民航危险品运输发展过程

为了配合新规章 CCAR-276-R1 的具体实施,中国民航局运输司先后制定一系列管理程序、咨询通告及工作手册等作为与其实施相配套的规范性文件。这些规范性文件主要有:

(1)《地面服务代理人危险品航空运输备案管理办法》。

(2)《危险品航空运输培训管理办法》。

(3)《货物航空运输条件鉴定机构管理办法》。

(4)《危险品航空运输数据报送管理办法》。

(5)《危险品运输事件判定和报告管理办法》。

(6)《公共航空运输经营人危险品航空运输许可管理程序》。

(7)《危险品航空运输违规行为举报管理办法》。

(8)《中国民航危险品监察员培训管理办法》。

(9)《危险品航空运输安全管理体系建设指南》。

(10)《危险品监察员手册》。

为了加强对危险品运输某一环节或者事项的管理,中国民航局运输司等相关部门还以红头文件或明传电报等形式下发相关管理要求。危险品在国内运输时,除了遵守《民用航空危险品运输管理规定》外,还需遵守中国民航局及国家其他管理部门的相关规章和规范的要求,例如《中华人民共和国民用航空法》等。

第四节
客舱机组危险品培训要求

危险品运输规则要成功应用,实现保障安全的目标,很大程度上取决于所有相关人员对有关危险的了解,以及对危险品运输规则的深入理解和正确的操作,这只能通过对所有从事危险品运输的人员进行反复培训来实现。为保证知识更新,必须在前一次培训后的 24 个日历月内完成复训。不同的承运人或从事不同工作的员工的培训要求是不同的,具体如下所述。

一、需要接受危险品培训的各类人员的最低培训要求

凡在航空运输中可能接触危险品的各岗位人员都必须接受危险品培训,共有 12 类人员:

(1)托运人及承担托运人责任的人。

(2)包装人。

(3)从事危险物品收运工作的货运代理人员工。

(4)从事货物或邮件(非危险物品)收运工作的货运代理人员工。

(5)从事货物或邮件的搬运、储存和装载工作的货运代理人员工。

(6)收运危险物品的运营人和地面服务代理机构的员工。

(7)运输货物或邮件(非危险物品)的运营人和地面服务代理机构员工。

(8)从事货物或邮件和行李搬运、储存和装载工作的运营人和地面服务代理机构员工。

(9)旅客服务人员。

(10)飞行机组成员、监装员和配载人员、签派员。

(11)机组成员(飞行机组除外)。

(12)从事对旅客及其行李和货物或邮件安检工作的保安人员。

12 类人员的工作职责不同,要求掌握的危险品航空运输的规定和技能不同,因此各类人员需要接受的培训内容也不相同。表 1-1 给出了各类人员培训内容的最低要求。

12 类人员培训内容的最低要求　　　　表 1-1

学习内容要求	托运人和包装人		代理人			经营人和地面服务代理机构						安检
	人员类别											
	1	2	3	4	5	6	7	8	9	10	11	12
基本原理	×	×	×	×	×	×	×	×	×	×	×	×
限制	×		×	×	×	×	×	×	×	×	×	×
托运人的一般要求	×		×			×						
分类	×	×	×			×						×
危险品表	×	×	×			×				×		
一般包装要求	×	×	×			×						
包装说明	×	×	×			×						
标记与标签	×	×	×	×	×	×	×	×	×	×	×	×
托运人申报单及其他有关文件	×		×			×						
收运程序						×						
未申报危险品的识别	×	×	×	×	×	×	×	×	×	×	×	×
存储和装载程序					×			×		×		
机长通知单						×		×		×		
旅客和机组人员的规定	×		×	×	×	×	×	×	×	×	×	×
紧急情况的处理	×	×	×	×	×	×	×	×	×	×	×	×

二、不从事危险品货物运输的承运人所属员工的培训要求

有一些承运人(如华夏航空)不收运危险品货物,但其所属员工也应该进行相应的危险品培训,以帮助其识别货物中隐含的危险品和应对客运方面带入客舱的危险品。这些员工分为 5 类,类别序号为 13 ~ 17,具体如下:

13——收运货物或邮件(非危险物品)的运营人和地面服务代理机构员工。

14——从事货物或邮件(非危险物品)和行李搬运、储存和装载工作的运营人和地面服务代理机构员工。

15——旅客服务人员。

16——飞行机组成员、装卸工、配载人员和飞行运行官 / 飞行签派员。

17——机组成员(飞行机组成员除外)。

这些员工的最低培训要求见表 1-2。

不从事危险品运输的承运人所属员工的最低培训要求　　　　表 1-2

内　　容	人 员 类 别				
	13	14	15	16	17
基本原理	×	×	×	×	×
限制条款	×	×	×	×	×

续上表

内　　容	人员类别				
	13	14	15	16	17
标记与标签	×	×	×	×	×
危险物品运输文件及其他有关文件	×				
未申报危险品的识别	×	×	×	×	×
旅客和机组人员规定	×	×	×	×	×
紧急情况的处理	×	×	×	×	×

三、客舱机组的培训要求

从上述表中我们可以看到,从事不同岗位的员工需要接受的危险品培训范围通常是不一样的,客舱机组需要接受的培训内容包含 6 个方面:

(1)危险品的基本原理。

(2)危险品的限制条款。

(3)危险品的标记标签。

(4)未申报危险品的识别。

(5)旅客和机组人员的规定。

(6)紧急程序。

通过上述 6 个方面内容的培训,可以让客舱机组具备正确的危险品知识,再配合相关的实训操作和考核,从而让大家能够承担起自己的职责,保障飞行安全。

客舱机组的职责可以总结为下面几点:

(1)对旅客携带法规允许带入客舱的危险物品进行指导和管理,确保这些物品在运输中处于安全状态。

(2)对旅客违规携带进入客舱的危险物品及时予以制止,并通报机长和相关部门,配合处置。

(3)当发生危险品事故或事故征候时,能够迅速正确地做出应急响应,配合飞行机组,指挥旅客行动,将危险品事故后果控制在最小范围内,直至安全着陆,并及时填写事故报告上报。

四、基于能力的危险品培训体系

ICAO 的《危险物品安全航空运输技术细则》(2019—2020 版)提出,将于近年要求各缔约成员危险品运输培训模式从目前的基于人员的培训向基于六大胜任能力模块培训的方向转变,这对于各国危险品运输培训及监察提出了新的挑战,也给包括中国民航局在内的各个国家民航管理部门以及 IATA 带来很大的震动。如何将深入人心的基于 12 类人员的培训向六大胜任能力模块培训转变,是民航危险品业内人士共同关注的话题。

在此次新的危险品培训思路中,ICAO 提出了六大胜任能力单元(Capacity Unit,简称 CU)框架,并且按照危险品收运流程,给出了危险品六大职能流程图,如图 1-18 所示。

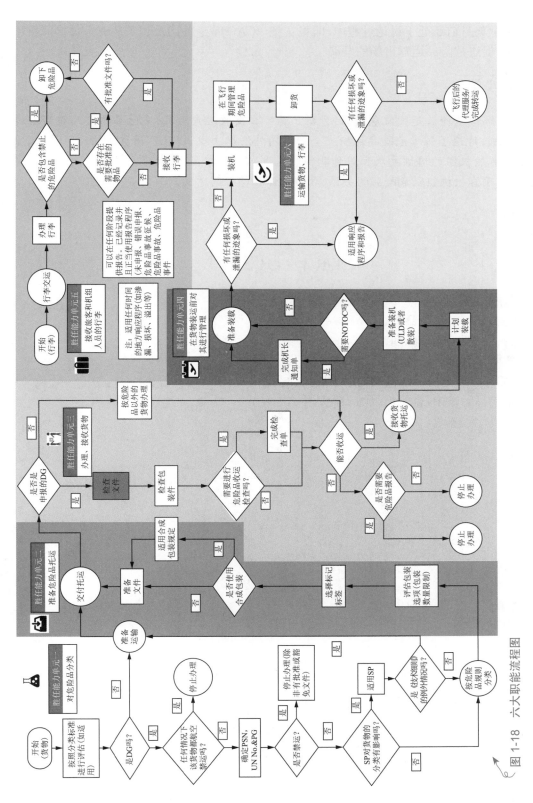

图 1-18　六大职能流程图

DG- 危险品；NOTOC- 机长通知单；PG- 包装等级；PSN- 运输专用名称；SP- 特殊规定；ULD- 集装器；UN No.- 联合国编号

这个框架目前还处于讨论过程中，即将实施，ICAO 希望各国及相关从业人员都能提出宝贵意见，促进危险品运输市场的发展。

本章小结

本章解释了什么是民航危险品，分析了为什么要收运危险品，危险品都是通过哪些途径进入飞机，讨论了保障危险品运输安全的国内外法律法规，以及不同员工的培训要求，重点讨论了客舱机组的培训要求和工作职责。通过本章的学习，让大家对危险品有一个整体的认知，明确客舱机组跟危险品的关系，理解本课程学习的意义。

思考与练习

简答题

1. 什么是民航危险品？

2. 为什么要运输危险品？

3. 危险品有哪些途径进入飞机？

4. IATA 针对危险品运输编写的手册是什么？

5. 危险品运输中，客舱机组的职责是什么？

第 二 章

危险品分类

根据危险性的不同,可以将民航危险品划分为 9 大类(Class),其中第 1、2、4、5、6 类危险品因其各自包括的危险性范围较宽,因而进一步细分为若干项(Division),每一类或项的危险品都有明确的标准来确定一种物品的危险性属性,这些标准在技术上都很详细。当然,许多危险品不只具有一种危险性(比如汞,俗称水银,既有毒性又有腐蚀性)。

第 1 类　爆炸品(Explosives)

第 2 类　气体(Gases)

第 3 类　易燃液体(Flammable Liquids)

第 4 类　易燃固体;自燃物质;遇水释放易燃气体的物质
(Flammable Solids;Substances Liable to Spontaneous Combustion;
Substances,Which in Contact with Water Emit Flammable Gases)

第 5 类　氧化性物质和有机过氧化物
(Oxidizing Substances and Organic Peroxide)

第 6 类　毒性物质和感染性物质
(Toxic and Infectious Substances)

第 7 类　放射性物质(Radioactive Material)

第 8 类　腐蚀性物质(Corrosives)

第 9 类　杂项危险物质和物品,包括环境危害物质
(Miscellaneous Dangerous Substance and Articals,Including Environmentally
Hazardous Substances)

9 大类的划分只是针对危险性的不同,而不是危险程度的大小,即第 1 类危险品并不比第 9 类危险品更危险。

IATA 给每一类/项的危险品指定了一个联运文电代码,即 CARGO IMP 代码(Interchange Message Procedures,简称 IMP),以便于在不同的运输文件中使用,如货邮舱单和机长通知单,详见表 2-1(表中未列出:例外数量包装件的货邮联运代码为 REQ,放射性物质的货邮联运代码为 RRE,仅限货机代码为 CAO,托运人危险品申报单代码为 DGD)。

危险品类项划分及 IMP 代码　　　　　　　　表 2-1

类　别	项　别	IMP 代码
第 1 类　爆炸品	1.1　具有整体爆炸危险性的物品和物质 1.2　具有抛射危险性但无整体爆炸危险性的物质和物品 1.3　具有起火危险性、较小的爆炸和/或较小的抛射危险性而无整体爆炸危险性的物品和物质 1.4　在运输中被引燃或引发时无显著危险性(仅有轻微危险性)的物品和物质 1.5　具有整体爆炸危险性而敏感度极低的物质 1.6　无整体爆炸危险性且敏感度极低的物品	REX(1.1、1.2、1.3、1.4F、1.5 和 1.6 项) RXB 1.4B RXC 1.4C RXD 1.4D RXE 1.4E RXG 1.4G RXS 1.4S RCX 1.3C RGX 1.3G

续上表

类　别	项　别	IMP 代码
第 2 类　气体	2.1　易燃气体	RFG
	2.2　非易燃无毒气体	RNG　RCL
	2.3　有毒气体	RPG
第 3 类　易燃液体		RFL
第 4 类　易燃固体；自燃物质；遇水释放易燃气体的物质	4.1　易燃固体	RFS
	4.2　自燃物质	RSC
	4.3　遇水释放易燃气体的物质	RFW
第 5 类　氧化剂和有机过氧化物	5.1　氧化性物质	ROX
	5.2　有机过氧化物	ROP
第 6 类　毒性和感染性物质	6.1　毒性物质	RPB
	6.2　感染性物质	RIS　RDS
第 7 类　放射性物质	Ⅰ级－白色	RRW
	Ⅱ级－黄色	RRY
	Ⅲ级－黄色	RRY
	裂变物质	无
第 8 类　腐蚀性物质		RCM
第 9 类　杂项危险物质和物品，包括环境危害物质	杂项危险品	RMD
	磁性材料	MAG
	固体二氧化碳（干冰）	ICE
	聚合物颗粒	RSB
	锂电池	ELI　ELM EBI　EBM RBI　RBM RLI　RLM

注：1.3C、1.4B 等中的字母（BCD 等）代表爆炸品的不同配装组，本书第二章第一节会进行详细讲述。

同时，危险品按照其危险程度被划分为相应的三个包装等级（Packing Group），见表 2-2。

危险品的三个包装等级　　　　　　　　　　　　　表 2-2

危险性大小	包 装 等 级
危险性较大	Ⅰ级
危险性中等	Ⅱ级
危险性较小	Ⅲ级

其中，第 3 类、第 4 类、第 5 类 5.1 项（液体除外）、第 6 类 6.1 项和第 8 类物质Ⅰ级、Ⅱ级、Ⅲ级的包装等级标准已经制定出来，第 9 类中的一些物质、第 5 类 5.1 项中的液体和第 6 类 6.2 项中的废弃品是根据经验而并非按照任何技术标准来划分包装等级，第 1 类、第 2 类、第 5 类 5.2 项、第 6 类 6.2 项和第 7 类危险品的危险程度，不使用包装等级来衡量。

第一节
爆炸品

引例 1988 年 12 月 21 日,泛美航空 PA103 号班机执行法兰克福—伦敦—纽约—底特律航线上的飞行任务。该飞机在苏格兰边境小镇洛克比(Lockerbie)上空发生爆炸,270 人罹难。

经调查,空难是由两名利比亚人制造的。他们是前利比亚航空公司驻马耳他办事处主任拉明•哈利法•弗希迈和利比亚特工阿卜杜勒•巴塞特•阿里•迈格拉希。他们将藏有炸弹的行李从马耳他送上 PA103 航班,准备于爱尔兰海上空引爆。这样,爆炸产生的碎片将沉入汹涌的爱尔兰海,使调查人员不易调查事故原因。但当晚的强风令 PA103 推迟 30min 才飞越苏格兰北部上空而不是平时路线的爱尔兰上空。在格林尼治时间 19:03,前货物舱(第 41 段)里面大约 280 ~ 400g 塑胶炸药被引爆,触发连串事件,令飞机迅速毁灭。在陆地上空爆炸使得调查人员获得了飞机残骸,从而破获此案。

洛克比空难,使 X 光检查托运行李成为标准程序,目的是测量行李内部的物品密度,搜查炸弹。

一、爆炸的相关知识

爆炸是指物质在一定条件下发生剧烈变化,在极短时间内发出大量能量的现象。根据爆炸时发生的变化性质,爆炸可分为:核爆炸、物理爆炸、化学爆炸。

运输中第 1 类危险物品专指易发生化学爆炸的危险物品。此类物品在外界作用下(受热、撞击),能发生剧烈的化学反应,瞬间产生大量的气体和热量,使周围压力急剧上升,发生爆炸,对周围环境造成破坏;也包括无整体爆炸危险,但具有燃烧、抛射及较小爆炸危险,或仅产生热、光、音响或烟雾等一种或几种作用的烟火物质。

对运输而言,"爆炸"是爆炸品货物的首要特征。确定货物是否容易爆炸及爆炸后产生的破坏效应,常用敏感度和爆速来衡量。

(1)敏感度简称感度,是指爆炸品在外界作用下,发生爆炸的难易程度,敏感度越高,危险性越大。敏感度及爆炸能力过强的物品,不能运输。这类物品在生产厂中制造出来后,要经过处理,注入水、酒精等钝感剂,以降低其敏感度,才能使其安全地进行运输。

(2)爆速是指爆轰波沿炸药传播出去的速度。在药量相当的情况下,爆速的大小能在一定程度上反映出炸药的爆炸功率和破坏能力。

二、爆炸品的定义

第 1 类爆炸品包括 3 个部分:

(1)爆炸性物质,能与空气混合形成爆炸性混合物的气体、蒸气、薄雾、粉尘和纤维,如

TNT（三硝基甲苯）、黑火药等。

注：物质本身不是爆炸品，但能形成气体、蒸气或粉尘爆炸环境者，不列入第 1 类，不包括那些太危险以致不能运输或那些主要危险性符合其他类别的物质。

（2）爆炸性物品，含有一种或多种爆炸性物质的物品，如炸弹、手榴弹等，如图 2-1 所示。

注：不包括此类装置，即其中所含爆炸性物质的数量或特性不会使其在运输过程中偶然或意外被点燃或引发后因进射、发火冒烟、发热或巨响而在装置外部产生任何影响的装置。

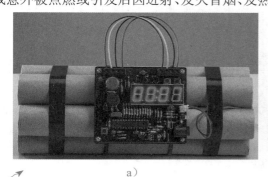 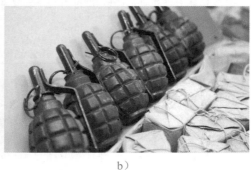

a）　　　　　　　　　　　　　　　　b）

图 2-1　爆炸性物品

（3）上述两条款中未提及的，为产生爆炸或烟火实际效果而制造的物品和物质，如烟花、信号弹等，如图 2-2 所示。

 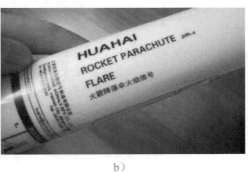

a）　　　　　　　　　　　　　　　　b）

图 2-2　烟火物质

三、爆炸品的分项

第 1 类爆炸品分为 6 项：

（1）具有整体爆炸危险性的物品和物质。

（2）具有喷射危险性而无整体爆炸危险性的物品和物质。

（3）具有起火危险性和轻微的爆炸危险性或轻微的喷射危险性，或两者兼而有之，但无整体爆炸危险性的物品和物质。

（4）不存在显著危险性的物品和物质。

（5）具有整体爆炸危险性而敏感度很低的物质。

（6）无整体爆炸危险性的极不敏感物品。

四、爆炸品的配装组

如果两种或两种以上爆炸品放在一起储存或运输,不会增加发生偶然事故的概率,对于相同的运输量也不会增加这种偶然事故危害的程度,则这些爆炸品的组合叫作同一配装组。第 1 类爆炸品被划分为 13 个配装组,一项爆炸品根据成分的不同可以划分为不同的配装组,不同项的爆炸品也可能划分为同一配装组。

表 2-3 给出了划分配装组的方法,表 2-4 给出了与各配装组有关的可能危险项别以及相应的分类编码。

爆炸品配装组的划分　　　　　　　　　　　　　　　　　　　　　　表 2-3

配装组	危险性项别	拟分类物品或物质的说明
A	1.1	初级爆炸性物质
B	1.1, 1.2, 1.4	含有初级爆炸性物质、而不含有两种或两种以上有效保护装置的物品。某些物品,例如爆破用雷管、爆破和起爆用雷管组件及帽形起爆器等包括在内,即使此类物品不含有初级炸药
C	1.1, 1.2, 1.3, 1.4	推进爆炸性物质或其他爆燃爆炸性物质或含有这类爆炸性物质的物品
D	1.1, 1.2, 1.4, 1.5	次级起爆药或黑火药或含有次级起爆炸药的物品,无引发装置和发射药,或含有主要的爆炸性物质和两种或两种以上有效保护装置的物品
E	1.1, 1.2, 1.4	含有次级起爆炸药的物品,无引发装置,带有发射药(含有易燃液体或胶体或自燃液体的除外)
F	1.1, 1.2, 1.3, 1.4	含有次级起爆炸药的物品,带有引发装置,带有发射药(含有易燃液体或胶体或自燃液体的除外)或不带有发射药
G	1.1, 1.2, 1.3, 1.4	烟火物质或含有烟火物质的物品或既含有爆炸性物质又含有照明、燃烧、催泪或发烟物质的物品(水激活的物品或含有白磷、磷化物、发火物质、易燃液体或胶体或自燃液体的物品除外)
H	1.2, 1.3	含有爆炸性物质和白磷的物品
J	1.1, 1.2, 1.3	含有爆炸性物质和易燃液体或胶体的物品
K	1.2, 1.3	含有爆炸性物质和化学毒剂的物品
L	1.1, 1.2, 1.3	爆炸性物质或含有爆炸性物质并且具有特殊危险(例如遇水活化或含有自燃液体、磷化物或发火物质)需要彼此隔离的物品
N	1.6	主要含有极不敏感的物质的物品
S	1.4	物质或物品的包装与设计使其在偶然引发时,只要包装件未被烧毁,就把任何危险都限制在包装之内。其爆炸和喷射的影响有限,不会妨碍在附近采取消防或其他应急措施

爆炸品分类表,危险性项别与配装组的组合　　　　　　　　　　　　表 2-4

危 险 性	配 装 组													
	A	B	C	D	E	F	G	H	J	K	L	N	S	Σ(A ~ S)
1.1	1.1A	1.1B	1.1C	1.1D	1.1E	1.1F	1.1G		1.1J		1.1L			9
1.2		1.2B	1.2C	1.2D	1.2E	1.2F	1.2G	1.2H	1.2J	1.2K	1.2L			10
1.3			1.3C			1.3F	1.3G	1.3H	1.3J	1.3K	1.3L			7
1.4		1.4B	1.4C	1.4D	1.4E	1.4F	1.4G						1.4S	7
1.5				1.5D										1
1.6												1.6N		1
Σ(1.1 ~ 1.6)	1	3	4	4	3	4	4	2	3	2	3	1	1	35

五、运输爆炸品的限制

绝大多数爆炸品是禁止航空运输的,其中只有1.4 S的爆炸品可以用客机运输,如图2-3 所示。只有1.3C、1.3G配装组和1.4项B、C、D、E、G、S配装组的爆炸品可以用货机运输。

图 2-3　1.4S 爆炸品

六、爆炸品的列表(表2-5)

爆 炸 品 的 列 表　　　　　　　　　　　　　表 2-5

名称 / 项 / 代号	危险性标签	危险性描述	示　例
爆炸品 1.1 REX	Compatibility Groups A, B, C, D, E, F, G, J&L	具有整体爆炸危险性的物品和物质	
爆炸品 1.2 REX	Compatibility Groups B, C, D, E, F, G, H, J, K&L	具有喷射危险性而无整体爆炸危险性的物品和物质	地雷、TNT 等,这类爆炸品通常禁止空运。除非特殊情况下有国家豁免时才可以运输
爆炸品 1.3 REX RCX RGX	Compatibility Groups C, F, G, H, J, K&L	具有起火危险性和轻微的爆炸危险性或轻微的喷射危险性,或两者兼而有之,但无整体爆炸危险性的物品和物质	
爆炸品 1.4 REX RXB RXC RXD RXE RXG RXS	Compatibility Groups B, C, D, E, F, G&S	不存在显著危险性的物品和物质	子弹、发令枪、信号弹等

续上表

名称/项/代号	危险性标签	危险性描述	示　例
爆炸品 1.5 REX	**1.5** D Compatibility Group D	具有整体爆炸危险性而敏感度很低的物质	
爆炸品 1.6 REX	**1.6** N Compatibility Group N	无整体爆炸危险性的极不敏感物品	

第二节
气体

引例1　　2008年3月19日，北京宅急送快运股份有限公司在托运的普通货物中，夹带了20箱（约2万余支）一次性打火机，由南航CZ6218航班从北京空运至哈尔滨，造成一起严重危及飞行安全的事件。经民航华北地区管理局查实，北京双臣快运有限公司将票证（货运单）转移给非资质认可的货运代理人——北京宅急送快运股份有限公司收运及交运该票货物，申报的运输货物品名为资料、电子主板、纸箱，共计448kg。由于货物破损，在哈尔滨被工作人员发现32箱货物中有20箱是一次性打火机，属二类危险品。

　　经中国航空运输协会核查，北京宅急送快运股份有限公司不是中国航空运输协会认可的销售代理企业，北京双臣快运有限公司为民航华北地区管理局移交的二类货运销售代理企业。北京双臣快运有限公司违反了《中国民用航空销售代理资质认可办法》第47条，擅自将票证转移给非资质认可企业——北京宅急送快运股份有限公司，因该非资质认可企业的收运人员和交运人员并未经过本协会根据CCAR-276部的有关规定进行危险品常识的培训，特别是对隐含的危险品（Hidden Dangerous Goods）的培训，且其收运人员在接收及操作货物时未认真检查和辨识货物中是否夹带危险品便为其填写运单并进行交运，故造成了安全隐患及不良影响。

引例2　　2007年11月28日，一件由英国曼彻斯特用货机运至迪拜的气瓶，卸机后在仓库中发生爆炸，造成一人受伤。该气瓶由英国制造，使用铝合金材料，内装易燃的氯乙烷液化混合气体，氯乙烷含量超过99.99%，另有极少量的三氯乙烯。英国民航部门对该事件的调查显示，这极有可能是由于铝和氯乙烷气体在气瓶内部发生化学反应造成的爆炸。

一、气体的相关知识

（一）临界温度

临界温度是指使物质由气态变为液态的最高温度。每种物质都有一个特定的温度,在这个温度以上,无论怎样增大压强,气态物质都不会液化,这个温度就是临界温度。临界温度越低,越难液化。有些物质如氨、二氧化碳等,它们的临界温度高于或接近室温,此类物质在常温下很容易压缩成液体。有些物质如氧、氮、氢、氦等的临界温度很低,如氦气的临界温度为 −268℃。要使这些气体液化,必须要有一定的低温技术,达到它们各自的临界温度,然后再采用增大压强的方法使其液化。

（二）临界压强

在达到临界温度时,气体液化还需一定的压强,气体液化所需的最小压强叫临界压强。各物质的临界压强和临界温度都是不同的,表 2-6 给出了几种示例。

不同气体的临界温度和临界压强   表 2-6

气 体 名 称	临界温度（℃）	临界压强（大气压）（0.1MPa）
氖气	−228	26
氧气	−118	50
乙烷	32	49
氯气	143	76

二、气体的定义

气体是指在 50℃时,其蒸气压力大于 300kPa；或在 20℃、标准大气压 101.3 kPa 时,完全处于气态的物质。

气体在运输中呈现 5 种物理状态,如下所示。

（一）压缩气体

压缩气体指温度在 −50℃下,加压包装供运输时,完全呈气态的气体。这一类别包括临界温度低于或等于 −50℃的所有气体（例如压缩氧气瓶）。

（二）液化气体

液化气体指温度高于 −50℃,加压包装供运输时,部分呈现液态的气体。分为：

高压液化气体——临界温度在 −50℃至 65℃之间的气体。

低压液化气体——临界温度高于 65℃ 的气体。

（三）深冷冻液化气体

深冷冻液化气体指在包装供运输时,由于其温度低而部分呈液态的气体（例如液氮）。

（四）溶解气体

溶解气体指加压包装供运输时,溶解于某种溶剂中的气体。

（五）吸附气体

吸附气体指在包装供运输时吸附到固体多孔材料导致内部容器压力在20℃时低于101.3 kPa和在50℃时低于300kPa的气体。

三、气体的分项

根据运输中气体的主要危险性，第2类气体物质被划分为3个项别。

（一）2.1 项——易燃气体（Flammable Gas）

易燃气体是指温度为20℃，压力为标准大气压101.3 kPa情况下，燃烧下限（可燃气体与空气混合后，遇到火花发生燃烧时的最低浓度）不超过13%的可燃气体；或燃烧范围（燃烧上限与下限之差）不小于12%的气体（无论下限是多少），例如氢气、丁烷（一次性打火机的主要成分）等，如图2-4所示。

a)　　　　　　　　　　　　　　　　　b)

图2-4　易燃气体

（二）2.2 项——非易燃无毒气体（Non Flammable/Non Toxic Gas）

非易燃无毒气体有以下几种情况：

（1）窒息性气体——通常会稀释或取代空气中的氧气的气体，如二氧化碳（CO_2）。

（2）氧化性气体——一般通过提供氧气可比空气更能引起或促进其他材料燃烧的气体，如氧气（O_2）。

（3）不属于其他项别的气体。

含有非易燃无毒气体的物品有二氧化碳灭火器、压缩氧气瓶、液氮桶等，如图2-5所示。

a)　　　　　　　　　　　　　　b)

图2-5　非易燃无毒气体

（三）2.3 项——毒性气体（Toxic Gas）

毒性气体包括已知的其毒性或腐蚀性强到对人体健康有危害的气体,或根据实验,其 LC_{50} 的数值小于或等于 $5000mL/m^3$ 的气体（LC_{50} 指这种气体的半数致死浓度）。大多数毒性气体是禁止空运的,除非有主管当局的批准。常见的有毒气体如氯气,如图 2-6 所示。

图 2-6　毒性气体——氯气

小 链 接

半数致死浓度是指杀死一半试验总体的有害物质、有毒物质或游离辐射的剂量。半数致死浓度数值越小,表示外源化学物的毒性越强;反之半数致死浓度数值越大,则毒性越低。

四、气体的主次危险性

具有 2 个项别以上危险性的气体或气体混合物,其危险性的主次顺序如下:

（1）2.3 项优先于所有其他项。

（2）2.1 项优先于 2.2 项。

例如压缩一氧化碳（CO）,既有毒性又有易燃性的危害,则它的主要危险性是 2.3,次要危险性为 2.1。

小 链 接

图 2-7　一氧化碳

一氧化碳是无色无味气体,被称为"无形的杀手",即使发生泄漏或超标人已不能察觉,等到发现时人已经头晕、浑身酸软,无力求救或逃生。一氧化碳中毒机理是一氧化碳与血红蛋白的亲和力比氧与血红蛋白的亲和力高 200 ~ 300 倍,所以一氧化碳极易与血红蛋白结合,形成碳氧血红蛋白,使血红蛋白丧失携氧的能力和作用,造成组织窒息。一氧化碳对全身的组织细胞均有毒性作用,尤其对大脑皮质的影响最为严重。一氧化碳中毒的高发期为冬季（图 2-7）,因为天气寒冷,门窗紧闭,毒气浓度越来越高,最后超过安全值而使人体中毒。

五、气溶胶

第 2 类危险品也包括气溶胶。气溶胶制品（Aerosol）是指装有压缩气体、液化气体或加压溶解气体的,一次性使用的,由金属、玻璃或塑料制成的容器。无论里面是否装入液体、粉末或糊状物,这样的容器都有自动关闭的释放装置,当该装置开启时,可以喷出悬浮着固体或液体小颗粒的气体,或喷出泡沫、糊状物、粉末、液体或气体。

气溶胶属于第 2 类的哪个项别,取决于气溶胶中内装物的性质。含有 2.3 项气体的气溶胶禁止运输。

六、气体的例外情况

当气体符合下面情况时,无须当作危险品来处理:

(1)2.2 项的气体,如果在温度为 20℃时,压力低于 200kPa 的条件下运输,并且不为液化气或深冷液化气时,则不受本规则的限制。

(2)下述物品中的 2.2 项气体不受本规则限制:

①食品,包括碳酸饮料(除 UN1950)。

②体育用球。

③符合 A59 的轮胎(A59 代表一种特殊规定,具体参看第三章第一节)。

七、气体的列表(表2-7)

气 体 的 列 表　　　　　　　　　　　　　　　表 2-7

名称/项/代号	危险性标签	危险性描述	示　　例
易燃气体 2.1 RFG	（两种标签都可以）	与空气混合容易形成可燃性混合气体,起火燃烧	丁烷、丙烷类(一次性打火机的主要成分); 氢气; 乙炔(电石气)
非易燃无毒气体 2.2 RNG RCL		既不属于 2.1 项也不属于 2.3 项的压缩气体,可能让人窒息	压缩氧气; 压缩二氧化碳(二氧化碳灭火器的主要成分); 液氮
毒性气体 2.3 RPG		对人体有毒害或腐蚀作用的气体	氯气; 硫化氢; 大多数毒性气体是禁止空运的,除非有豁免或批准

第三节
易燃液体

引例　　2002 年 5 月 7 日 21 时 32 分,大连周水子机场接到当时在傅家庄上空的北方航空公司由北京飞往大连的 CJ6136 麦道客机报告,称机舱失火,此后飞机便与机场失去联系。5min 后,辽大甘渔 0998 号渔船通过 12395 电话向大连海上搜救中心报告,称傅家庄上空有一民航客机失火。海上搜救中心立即向旅顺海军基地、武警大连边防支队和港务局船队发出紧急救援通知。21时40分左右,飞机机身坠落在北纬38°57.063″,东经121°39.941″,飞机尾翼坠落在北纬38°57.129″,东经121°40.175″。经核实,机上旅客103人,机组人员9人全部遇难。在"5·7"空难罹难的103名乘客中,只有44名乘客购买了航空旅客人身意外伤害保险(以下简称航意险),其中有一人购买了7份,赔偿金额达100多万元,此人就是张丕林。

通过调查,并经周密推理,认定"5·7"空难是一起由于乘客张丕林携带汽油纵火造成的破坏事件。据了解,张丕林为大连人,时年37岁,大学毕业,曾在公安及外贸部门工作过,后来下海经营一家装饰公司。张丕林妻子有保险公司工作的经历。专家解释,航空意外保险保的是因意外情况发生的伤害,而因故意导致的伤害,则不在理赔范围当中。

"5·7"空难发生后的次年,民航总局于2003年2月5日下发了加强对旅客携带液态物品乘机的具体规定。

一、易燃液体的相关知识

(一)闪点

闪点是在规定的试验条件下,使用某种点火源造成液体汽化而着火的最低温度。闪燃是液体表面产生足够的蒸气与空气混合形成可燃性气体时,遇火源产生短暂的火光,发生一闪即燃的现象。闪燃的最低温度称为闪点。

(二)燃点

当液体温度升高,超过闪点温度之后,达到放出蒸气量足以维持燃烧的温度,这个温度称为燃点,也称为着火点。

一般燃点比闪点高出1～5℃。如今采用燃点来衡量易燃液体的安全性已经过时,现在世界各国都以闪点作为衡量易燃液体的标准。

(三)沸点

沸点是液体沸腾时的温度,也就是液体的饱和蒸气压与外界压强相等时的温度。沸点指纯物质在1个标准大气压下沸腾时的温度。沸点跟闪点之间无必然联系,比如水的沸点是100℃,但却并没有闪点。

二、易燃液体的定义

易燃液体指在闭杯闪点试验中温度不超过60℃,或者在开杯闪点试验中温度不超过65.6℃时,放出易燃蒸气的液体、液体混合物或含有固体的溶液或悬浊液。

常见的易燃液体有酒精、汽油等,如图2-8所示。

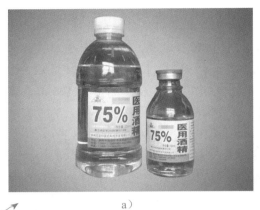

a）   b）

图 2-8　易燃液体

第 3 类危险品不分项，包括易燃液体和减敏的液态爆炸品。

三、易燃液体的包装等级

易燃液体的包装等级是按照闪点和沸点来划分的，如表 2-8 所示。

易燃液体的包装等级划分　　　　　　　　　　　　　表 2-8

包 装 等 级	闪点（闭杯）	初 始 沸 点
I	—	≤ 35℃
II	≤ 23℃	>35℃
III	≥ 23℃但≤ 60℃	

四、黏稠物质

黏稠物质，如油漆、黏合剂、上光剂、涂料等，也属于易燃液体，闪点低于 23℃的黏稠物质，划归到包装等级III级，如图 2-9 所示。

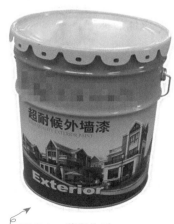

图 2-9　黏稠物质

五、易燃液体的列表（表2-9）

易燃液体的列表　　　　　　　　　　　　　　　表2-9

名称/项/代号	危险性标签	危险性描述	示例
易燃液体 3 RFL		在闭杯闪点试验中温度不超过60℃，或者在开杯闪点试验中温度不超过65.6℃时，放出易燃蒸气的液体、液体混合物或含有固体的溶液或悬浊液	汽油 酒精 黏合剂 油漆 涂料

第四节
易燃固体；易自燃物质；遇水易释放易燃气体的物质

引例　2016年8月17日下午，揭阳潮汕机场从一位旅客手提行李中查获四份自热盒饭，避免了一起安全隐患。

当日15点左右，潮汕机场安检站在对揭阳飞往新加坡3K824航班旅客进行安全检查时，发现一位旅客手提行李中的物品十分可疑，立即进行开包检查。经查，可疑物品为四份自热型盒饭。据旅客介绍，自热盒饭是一家四口准备在飞机上的晚餐。由于自热盒饭的反应（发热）包成分多为碱金属、氧化钙、氧化铁粉、电解铝粉等，与水反应会放出大量热及生成易燃气体，蒸汽温度最高可达200℃，属于危险品，如使用不当，极易出现爆裂的情形。机场安检人员当即告知旅客，自热盒饭属危险违禁物品，禁止携带上机，后自热盒饭由旅客自行处理。

潮汕机场安全检查站提醒乘机旅客：自加热食品（如图2-10所示）属航空危险品，国际民航组织明确规定禁止携带上机，为了航空安全，旅客乘机请勿携带或托运自热型相关食品。

a)　　　　　　　　　　　　　　　　b)

引例 2

2012 年 10 月 22 日,南航 CZ6524 航班在辽宁大连落地后发生了货物燃烧事件。经大连机场公安分局对起火事件的调查后认定,此次货物着火原因为包裹内防风火柴(属禁运危险品)自燃。之后,中国航空运输协会对涉及该起事件货运操作的上海韵达货运有限公司、上海汇行国际物流有限公司、上海启昊昊货运代理有限公司给予严厉处罚,注销这 3 家航空销售代理公司资格认证。中国航空运输协会的进一步调查发现,在南航航班货物燃烧事件中,有 2 宗含有锂电池物品的货物实际托运人为上海圆通速递有限公司,此货物属于航空运输第九类危险品,而圆通速递在此次事件中未对其托运的货物按照操作规范验货、分类,谎报为普通货物交给航空公司,严重影响了飞行安全,性质十分严重,中国航空运输协会根据《中国民用航空运输销售理资格认可办法》的规定,决定注销圆通速递等公司的二类货运代理资质,并请各航空公司终止与该公司合作,不承运其揽收的货物。

引例 3

2017 年 4 月 17 日,南航从西安飞往大连的班机上突然冒烟,在乘务人员准备实施冒烟起火应急处置程序时,旅客告知其携带的是铝粉,此铝粉属于 4.3 项遇水易释放出易燃气体的物质,如果乘务机组采取水灭火器来灭火,后果不堪设想,其后飞机紧急备降,此事件为一起严重的航空器事故征候。

一、燃烧的相关知识

燃烧是物质与氧化物之间的放热反应,它通常会同时释放出火焰、可见光和烟雾。

物质的燃烧必须具备以下 3 个条件(图 2-11)。

(1)可燃物:可以燃烧的物质。

(2)助燃剂:凡是帮助和支持燃烧的物质都叫助燃剂。主要是氧气,其他还有空气、氯气,以及氯酸钾、高锰酸钾、过氧化钠等列入第 5 类危险货物的物质。

图 2-11 燃烧的条件

(3)热量:燃烧是放热反应,只要有最初的热量触发燃烧,可燃物质燃烧时生成的热量就可以使燃烧持续下去。可燃物遇火源开始持续燃烧所需要的最低温度叫燃点或着火点。

以上 3 个条件必须同时具备,且相互结合、相互作用,燃烧才能发生。3 个条件组成三角形的 3 条边,除去三角形的某一边,着火三角形都不能成立,绝大多数火焰即可熄灭。一切防火和绝大多数的灭火措施,都是依据此原理而确定的。

二、第4类危险品的分项

第 4 类危险品划分为 3 个项别。

(1)4.1 项——易燃固体。其包括 4 个部分:易燃固体、自反应物质、减敏的固态爆炸品、聚合物质和混合物。

（2）4.2项——易于自燃的物质。

（3）4.3项——遇水易释放易燃气体的物质。

（一）4.1项——易燃固体

1. 易燃固体

易燃固体是指易于燃烧的固体和经过摩擦可能起火的固体。易于燃烧的固体为粉状、颗粒状或糊状物质，这些物质如与燃烧着的火柴等火源短暂接触后容易起火，且火焰迅速蔓延，十分危险。危险不仅来自火，还可能来自有毒性的燃烧产物。其中金属粉末特别危险，一旦着火难以扑灭，常用的灭火剂成分如二氧化碳或水还会助长火势。常见的易燃固体有火柴、硫黄、镁条、赛璐珞（乒乓球的主要成分）等，如图2-12所示。

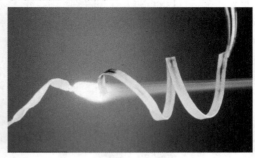

a)　　　　　　　　　　　　　　　b)

图2-12　易燃固体

2. 自反应物质

自反应物质是指即使没有氧气（空气）也容易发生激烈放热分解的热不稳定物质。为了保证运输安全，自反应物质可通过使用稀释剂来降低敏感度。如果使用稀释剂，自反应物质必须和稀释剂进行测试，其浓度和状态和实际运输时相同。在运输过程中，装有4.1项自反应物质的包装件或集装器必须防止阳光直射，储藏时远离所有热源，放置在通风良好的地方。

3. 减敏的固体爆炸品

减敏的固体爆炸品是指用水或醇类润湿或通过其他物质稀释，形成均匀固态混合物，以抑制其爆炸性的物品。

4. 聚合物质和混合物

聚合物质和混合物是指在不添加稳定剂的情况下，在正常运输条件下可能发生强烈放热反应，导致生成较大分子或形成聚合物的物质。

（二）4.2项——易自燃物质

易自燃物质是指在正常运输条件下能自发放热，或接触空气能够放热，并随后易于起火的物质。下列类型的物质被列入4.2项：

（1）发火物质。

（2）自发放热物质。

发火物质是指 5min 内即使与少量空气接触也可燃烧的物质，包括混合物和溶液（固体或液体）。这种物质最易自动燃烧，如白磷（也称黄磷），如图 2-13 所示。

自发放热物质是指没有外界的能量补给，接触空气可以自身放热的物质。这种物质只有在大量（若干千克）且长时间（若干小时或天）时间接触空气时才能燃烧，如椰肉干，如图 2-14 所示。

（三）4.3 项——遇水释放易燃气体的物质

遇水释放易燃气体的物质是指这种物质与水反应易自燃或能产生足以构成危险数量的易燃气体。这些易燃气体与空气能够形成爆炸性的混合物，且很容易被所有平常的火源点燃，如无灯罩的灯、产生火花的手工工具或无防护的灯。爆炸所产生的冲击波和火焰可能对人和环境造成危害。常见的 4.3 项危险品有金属锂、金属钠，如图 2-15 所示。

图 2-13　自燃物质
　　　　　——白磷

图 2-14　自燃物质——椰肉干

图 2-15　遇水易释放出易
　　　　　燃气体的物质

三、第4类危险品的列表（表2-10）

第 4 类危险品的列表　　　　　　　　　　　　　　　　表 2-10

名称 / 项 / 代号	危险性标签	危险性描述	示　　例
易燃固体 4.1 RFS		易燃固体 自反应物质 减敏的固体爆炸品 聚合物质和混合物	火柴 镁条 赛璐珞
易自燃物质 4.2 RSC		发火物质 自发放热物质	白磷（黄磷） 椰肉干
遇水释放易燃气体的物质 4.3 RFW		与水反应自燃或能产生足以构成危险数量的易燃气体	锂 钠

第五节
氧化性物质与有机过氧化物

引例

1996年5月11日,美国瓦卢杰航空公司一架从迈阿密机场(MIA)飞往亚特兰大杰克逊国际机场(ATL)的DC-9客机,起飞10min后坠毁,飞机坠毁在佛罗里达州的沼泽地里,给搜救工作带来了很大困难,机上105名乘客和5名机组人员全部遇难(图2-16)。

图2-16 氧气发生器空难

美国国家运输安全委员会(NTSB)的调查最终确定,在航班上发生的火灾始于客舱下方的货舱,其中没有合理包装的氧气发生器是造成瓦卢杰航空592号空难的主要原因。货舱内装有144个从飞机上拆下来的过期的"氧气发生器"。该"氧气发生器"应该严格按照规定进行安全拆解和运送,其中一项预防规则就是必须为发生器装上保护盖以免意外启动。然而维修工程师并没有按照危险品的要求进行操作,导致一些氧气发生器起飞后由于震动发生反应,从而引起火灾,导致了严重的空难。

一、第5类危险品的分项

第5类危险品分为2项:5.1项——氧化性物质,5.2项——有机过氧化物。

（一）5.1项——氧化性物质

氧化性物质是指本身未必可燃,但通常因放出氧气而可能引起或促使其他物质燃烧的物质,这类物质可能包含在其他物品内。

常见的氧化性物质,如过氧化氢(Hydrogen Peroxide),化学式为H_2O_2,纯过氧化氢是淡蓝色的黏稠液体,是一种强氧化剂,它可以任意比例与水混溶,其水溶液俗称双氧水,为无色

图 2-17 氧化性物质

透明液体,如图 2-17 所示。过氧化氢浓度越高,氧化性越强,但浓度低于 8% 的过氧化氢溶液不属于危险品。浓度为 2%~3% 的过氧化氢经常会作为冲洗药物而应用于口腔医学。

（二）5.2 项——有机过氧化物

含有二价过氧基—O—O—的有机物称为有机过氧化物。 也可以将它看作是一个或两个氢原子被有机原子团取代的过氧化氢的衍生物。

有机过氧化物遇热不稳定,它可以放热并因此加速自身的分解。 此外,它们还可能具有下列一种或多种特性:

①易于爆炸性分解。

②速燃。

③对碰撞或摩擦敏感。

④与其他物质发生危险的反应。

⑤损伤眼睛。

有机过氧化物在受热、与杂质(如酸、重金属化合物、胺类)接触、摩擦或碰撞的情况下易于放热分解。分解速度随着温度增加而增加,并随有机过氧化物成分不同而不同。分解可能产生有害物质或易燃气体或蒸气。

某些有机过氧化物在运输时必须控制温度。在运输中需要控制温度的有机过氧化物,一律禁止航空运输,除非得到相关国家豁免。

有些有机过氧化物可能发生爆炸性分解,特别是在封闭条件下。此特性可通过添加稀释剂或使用适当的包装加以改变。许多有机过氧化物可燃烧猛烈。

应当避免眼睛与有机过氧化物接触。有些有机过氧化物,即使短暂的接触,也会对角膜造成严重的伤害,或者对皮肤造成腐蚀。

在运输过程中,含有机过氧化物的包装件或集装器必须避免阳光直射,远离各种热源,放置在通风良好的地方。

二、第5类危险品的列表（表2-11）

第 5 类危险品的列表   表 2-11

名称 / 项 / 代号	危险性标签	危险性描述	示　　例
氧化性物质 5.1 ROX		本身未必可燃,但通常因放出氧气可能引起或促使其他物质燃烧的物质	过氧化氢、高锰酸钾、漂白粉
有机过氧化物 5.2 ROP		有机过氧化物遇热不稳定,它可以放热并因而加速自身的分解	过氧乙酸

第六节
毒性物质与感染性物质

引例 1

2004 年 5 月 19 日，宁波飞往香港的 KA591 航班，在卸机时由于包装泄漏，造成 6 名工作人员中毒。事后调查是由于托运人将 2t 异氰酸苯酯谎报为普通货物。

引例 2

1999 年 4 月 12 日，青岛至广州的 SZ4632 航班在广州落地后，装卸工打开舱门卸货，闻到一股浓烈的刺鼻气味。一件货物破损并流出液体，此货物为间氟苯酚，且未进行申报。这次事件造成一些工作人员不同程度的中毒。

一、第6类危险品的分项

第 6 类危险品分为 2 项：6.1 项——毒性物质，6.2 项——感染性物质。

二、6.1项——毒性物质

（一）毒性物质的定义和相关知识

毒性物质指在吞食、吸入或与皮肤接触后，可能造成死亡、严重受伤或损害人的健康的物质。

毒性物质可能是固体，也可能是液体或气体。毒性物质对动物体发生作用的先决条件是侵入体内。人畜中毒的途径有口服、呼吸道和皮肤接触。

衡量毒性大小的指标有如下几种。

（1）口服毒性（Oral Toxicity）LD_{50}（口服毒性的致死中量）：使用统计方法得出的一物质的单一剂量，该剂量可预期使口服该物质的年轻成年白鼠的 50% 在 14 天内死亡。LD_{50} 值以实验物质的质量与实验动物的质量比值表示（mg/kg）。

（2）皮肤接触毒性（Dermal Toxicity）LD_{50}（皮肤接触毒性的致死中量）：急性皮肤接触毒性的 LD_{50} 值是使白兔的裸露皮肤持续接触 24 小时，最可能引起这些试验动物在 14 天内死亡一半的物质剂量。试验动物的数量必须足够大，以使结果具有统计意义，并且与良好的药理实践相一致。其结果以 mg/kg 动物体质量比值表示。

（3）吸入毒性（Inhalation Toxicity by Dusts and Mists）LC_{50}（吸入毒性的半数致死浓度）：急性吸入毒性的 LC_{50} 值是使雌雄成年白鼠连续吸入一小时后，最可能引起这些试验动物在 14 天内死亡一半的蒸气、烟雾或粉尘的浓度。其单位为 mg/L（粉尘、烟雾）或 mL/m^3（蒸气）。

（二）毒性物质的包装等级

包括农药在内的 6.1 项毒性物质，必须根据它们在运输中的毒性危险程度划入如下包装等级。

（1）包装等级Ⅰ级：具有非常剧烈毒性危险的物质及制剂。

（2）包装等级Ⅱ级：具有严重毒性危险的物质及制剂。

（3）包装等级Ⅲ级：具有较低毒性危险的物质及制剂。

包装等级标准见表2-12和表2-13。

口服、皮肤接触及吸入尘/雾的毒性——6.1项包装等级标准　　　　　　　　表2-12

包装等级	口服毒性 LD_{50}（mg/kg）	皮肤接触毒性 LD_{50}（mg/kg）	吸入尘/雾毒性 LD_{50}（mg/L）
Ⅰ	≤5	≤50	≤0.2
Ⅱ	>5 但≤50	>50 但≤200	>0.2 但≤2
Ⅲ	>50 但≤300	>200 但≤1000	>2 但≤4

吸入蒸汽的毒性——6.1项包装等级标准　　　　　　　　表2-13

包装等级	吸入危害
Ⅰ	LC_{50} ≤ 1000ml/m³ 并且 V ≥ 10×LC_{50}
Ⅱ	LC_{50} ≤ 3000ml/m³ 并且 V ≥ LC_{50}，同时未达到包装等级Ⅰ级标准
Ⅲ	LC_{50} ≤ 5000ml/m³ 并且 V ≥ 0.2×LC_{50}，同时未达到包装等级Ⅰ级标准或Ⅱ级标准

注：V是指在20℃和标准大气压下，毒性物质在空气中的饱和蒸汽浓度，单位 mL/m³。

常见的毒性物质有三氧化二砷（俗称砒霜），如图2-18所示。

图2-18　毒性物质——砒霜

三、6.2项——感染性物质

（一）感染性物质的定义

感染性物质指那些已知含有或有理由认为含有病原体的物质。病原体是指会使人类或动物感染疾病的微生物（包括细菌、病毒、立克次氏体、寄生虫、真菌）或其他媒介物，如朊毒体。

（二）感染性物质的分级

感染性物质必须归类于6.2项，并视情况划入 UN2814、UN2900、UN3291 或 UN3373（此编号为联合国危险品编号，在第三章第一节中有详细介绍）。不符合感染性物质定义的转基因微生物必须划入第9类危险品。

感染性物质按其危险性可以分为 A 级和 B 级。

（1）A 级（A Category）：指在运输中与之接触会对本来健康的人或动物造成永久性残疾，危及生命或致命疾病的感染性物质。符合这些标准的物质示例见表 2-14。

①能使人感染或能使人和动物都感染的物质必须划入 UN2814 Infectious Substance，Affecting Humans（感染人或同时感染人和动物）。

②仅使动物感染的物质划入 UN2900 Infectious Substance，Affecting Animals（只感染动物）。

（2）B 级（B Category）：不符合 A 级标准的感染性物质。B 级感染性物质必须划入 UN3373。

医学或临床废弃物应划入 UN3291。含有 A 级感染性物质的医学或临床废弃物必须视情况划入 UN2814 或 UN2900。含有 B 级感染性物质的医学或临床废物必须划入 UN3291。

A 级感染性物质示例 表 2-14

联合国编号和运输专用名称 （UN Number and Proper Shipping Name）	微生物 （Micro-organism）
UN2814 感染性物质，对人体有危害的 （Infectious Substances Affecting Humans）	炭疽杆菌（仅培养物） *Bacillus anthraces*（cultures only） 流产布鲁氏菌（仅培养物） *Brucella abortus*（cultures only） 牛羊布鲁氏菌（仅培养物） *Brucella melitensis*（cultures only） 布氏杆菌（仅培养物） *Brucella suis*（cultures only） 鼻疽伯克霍尔德氏菌—鼻疽假单孢菌（仅培养物） *Burkholderia mallei - Pseudomonas Mallei-Glanders*（cultures only） 类鼻疽伯克霍尔德氏菌—类鼻疽假单孢菌（仅培养物） *Burkholderia pseudomallei-Pseudomonas Bseudomallei*（cultures only） 鹦鹉热衣原体—鸟类（仅培养物） *Chlamydia psittaci - avian strains*（cultures only） 肉毒杆菌（仅培养物） *Clostridium botulinum*（cultures only） 厌酷球孢子菌（仅培养物） *Coccidioides immitis*（cultures only） 伯氏考克斯氏体（仅培养物） *Coxiella burnetii*（cultures only） 克里米亚—刚果出血热病毒 Crimean-Congo hemorrhagic fever virus 登革热病毒（仅培养物） Dengue virus（cultures only）

续上表

联合国编号和运输专用名称 （ UN Number and Proper Shipping Name ）	微生物 （ Micro-organism ）
UN2814 感染性物质，对人体有危害的 （ Infectious Substances Affecting Humans ）	东方马脑炎病毒（仅培养物） Eastern equine encephalitis virus（cultures only） 埃希氏大肠杆菌（仅培养物） *Escherichia coli*，*verotoxigenic*（cultures only） 埃博拉病毒 Ebola virus 屈挠病毒 Flexal virus 兔热病病原体（仅培养物） *Francisella tularensis*（cultures only） 委内瑞拉出血热病毒 Guanarito virus 汉坦病毒 Hantaan virus 引起汉塔病毒肺综合征的汉塔病毒 Hanataviruses causing hanatavirus pulmonary syndrome 亨的拉病毒 Hendra virus 乙肝病毒（仅培养物） Hepatitis B virus（cultures only） B 型疱疹病毒（仅培养物） Herpes B virus（cultures only） 人类免疫缺陷病毒（艾滋病病毒）（仅培养物） Human immunodeficiency virus（cultures only） 高致病禽流感病毒（仅培养物） Highly pathogenic avian influenza virus（cultures only） 日本脑炎病毒（仅培养物） Japanese Encephalitis virus（cultures only） 胡宁病毒 Junin virus 科萨努尔森林病病毒 Kyasanur Forest disease virus 拉沙热病毒 Lassa virus 马丘皮病毒 Machupo virus

续上表

联合国编号和运输专用名称 （UN Number and Proper Shipping Name）	微生物 （Micro-organism）
UN2814 感染性物质,对人体有危害的 （Infectious Substances Affecting Humans）	马尔堡病毒 Marburg virus 尼帕病毒 Nipah virus 猴天花病毒 Monkey pox virus 结核分枝杆菌（仅培养物） *Mycobacterium tuberculosis*（cultures only） 鄂木斯克出血热病毒 Omsk hemorrhagic fever virus 脊髓灰质炎病毒（仅培养物） Poliovirus（cultures only） 狂犬病毒 Rabies virus 斑疹伤寒普氏立克次体（仅培养物） *Rickettsia prowazekii*（cultures only） 斑疹伤寒立氏立克次体（仅培养物） *Rickettsia rickettsii*（cultures only） 裂谷热病毒 Rift Valley fever virus 俄罗斯春夏脑炎病毒（仅培养物） Russian spring-summer encephalitis virus（cultures only） 巴西出血热病毒 Saba virus Ⅰ型痢疾志贺菌（仅培养物） *Shigella dysenteriae type 1*（cultures only） 蜱媒脑炎病毒（仅培养物） Tick-borne encephalitis virus（cultures only） 天花病毒 Variola virus 委内瑞拉马脑炎病毒 Venezuelan equine encephalitis virus（cultures only） 西尼罗河病毒（仅培养物） West Nile virus（cultures only） 黄热病病毒（仅培养物） Yellow fever virus（cultures only） 鼠疫杆菌（仅培养物） Yersinia pestis（cultures only）

联合国编号和运输专用名称 （UN Number and Proper Shipping Name）	微生物 （Micro-organism）
UN2900 感染性物质，只危害动物 （Infectious Substances Affecting Animals）	非洲猪热病毒 African swine fever virus Ⅰ型禽副伤寒病毒－新城疫病毒（仅培养物） Avian paramyxovirus Type 1 – Velogetic Newcastle disease virus（cultures only） 典型猪瘟病毒 Classical swine fever virus 口蹄疫病毒 Foot and Mouth disease virus 山羊痘病毒 Goat pox virus 结节性皮炎病毒 Lumpy skin disease virus 丝状支原体——传染性牛胸膜肺炎（仅培养物） Mycoplasma mycoides– Contagious bovine pleuropneumonia（cultures only） 小反刍兽疫病毒 Peste des petits ruminants virus 牛疫病毒 Rinder pest virus 绵羊痘病毒 Sheep-pox virus 猪水疱病病毒（仅培养物） Swine vesicular disease virus（cultures only） 水疱性口炎病毒 Vesicular stomatitis virus

（三）感染性物质的例外

以下情况不受危险品规则的限制：

（1）不含有感染性物质的物质或不大可能使人或动物染病的物质不受本规则限制，除非其符合其他类的标准。

（2）含有微生物、对人体和动物体没有致病性的物质不受本规则的限制，除非符合归入另一类的标准。

（3）经过处理后病菌得到抑制或灭活已不再成为健康威胁的物质不受本规则的限制，除非符合归入另一类的标准。

（4）被认为并不会带来重大感染危险的环境样品（包括食物和水样）不受本规则限制，除非符合归入另一类的标准。

（5）通过将一滴血滴在吸附材料上而采集的干血滴不受本规则限制。

（6）粪便潜血检查样品不受本规则限制。

（7）为输血目的或为配制血液制品以进行输血或移植而采集的血液或血液成分和用于移植的任何组织或器官不受本规则限制。

（8）病菌存在的可能性很低的病患标本，在满足一定包装要求的情况下不受本规则限制。

（9）运输可能被感染的或含有感染性物质的医疗设备或仪器，如果其包装被设计和制作为在正常运输条件下能够不破损、不被刺穿或不泄漏其内装物，当作货物运输时不受本规则限制。

（10）按照有关国家当局的要求制造和包装、为了最后包装或销售而运输、供医务人员或个人自身保健而使用。这一组物质不受本规则限制，例如：疫苗。

（11）转基因微生物和生物中不符合感染性物质定义的必须归入第九类。

（12）曾含有感染性物质的医学或临床废物，经消毒后不受本规则的限制，除非符合归入另一类的归类标准。

（四）感染性物质的包装示意图（图2-19）

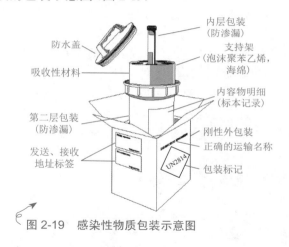

图 2-19 感染性物质包装示意图

四、第6类危险品的列表（表2-15）

第 6 类危险品的列表 表 2-15

名称 / 项 / 代号	危险性标签	危险性描述	示例
毒性物质 6.1 RPB		指在吞食、吸入或与皮肤接触后，可能造成死亡或严重受伤或损害人的健康的物质	三氧化二砷（俗称砒霜）
感染性物质 6.2 RIS RDS		带有病原体能使人或动物感染	

第七节
放射性物品

引例 　1992年11月19日，山西省忻州市一位农民张某在忻州地区环境检测站宿舍工地干活，捡到一个亮晶晶的小东西，便放进了上衣口袋里。几小时后，张某便出现了恶心、呕吐等症状。十几天后，他便不明不白地死去。没过几天，在他生病期间照顾他的父亲和弟弟也得了同样的"病"而相继去世，妻子也病得不轻。后来经过医务工作者的调查，才找到了真正的病因，那个亮晶晶的小东西是废弃的CO_{60}，其放射性强度高达10居里（放射性活度单位），足以"照死人"。

经调查，起因于1973年9月，山西忻州地区科技局为开展农作物辐射育种，从上海医疗器械厂接收CO_{60}放射源辐射装置，置于CO_{60}辐射室中。1991年地区环境监测站因扩建急需拆除钴源室，地区科委将废弃的CO_{60}辐照源（5个装入铅罐中，实际有6个）送交山西省放射性废物库收贮。而这个丢失的CO_{60}被埋入地下，在此次建筑施工中，被张某捡到将其装回家才出现这样的后果。

CO_{60}由人工制成，半衰期5.27年，β衰变，伴随γ辐射，要用铅容器密闭保存，工作环境一定要穿专用防护服，佩戴辐射剂量卡。CO_{60}放射源的应用非常广泛，几乎遍及各行各业，在农业上，常用于辐射育种、刺激增产、辐射防治虫害和食品辐照保藏与保鲜等；在工业上，常用于无损探伤、辐射消毒、辐射加工、辐射处理废物，以及用于厚度、密度、物位的测定和在线自动控制等；在医学上，常用于癌和肿瘤的放射治疗（伽马刀）（图2-20）。

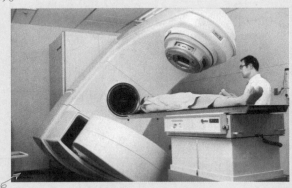

图2-20　放射治疗

一、放射性物品的定义

放射性物品指含有放射性核素的材料，其放射性活度浓度和托运货物总活度均超过规定的数值。

放射性物质能自发、连续地发射出电离辐射，它们会对人类或动物健康产生危害，并可使照相底片或 X 光片感光。这种辐射不能被人体的任何感觉(视觉、听觉、触觉或味觉)所觉察,但可以用合适的仪器探测和测量。

不管放射性物质本身的辐射水平多么高,经过屏蔽包装,在放射性物质的包装表面,其辐射水平可以控制在一定的程度。

放射性物质不包括下述物品或物质:

(1)诊断或治疗而植入或装入人体或活的动物体内的放射性物品。

(2)在被运送就医的人身上或体内的放射性物品(考虑到对其他乘客和机组人员必要的放射防护措施,须经营人批准)。

(3)已获得主管部门批准并已出售给最终用户的消费品中的放射性物品。

(4)含有天然放射性核素的天然物质和矿石(可能已经被加工)。

(5)其任何表面上存在的放射性物品未超过规定的限量的非放射性固体物质。

二、放射性物品的列表

放射性物品不分项,但根据其运输指数(Transportation Index,简称 TI)和表面辐射水平的大小,可将放射性物品分为 3 个等级(此等级不等同于包装等级),见表 2-16。其中,TI 和表面辐射水平均有相应的仪器可以测出。TI 大于 10 的包装件,一般禁止运输。

放射性物质列表
表 2-16

名称 / 代号	危险性标签	危险性描述	示 例
一级放射性物质 RRW	RADIOACTIVE I	放射性物质包装件表面辐射水平低。TI = 0,而且外表面任一点最大辐射水平不超过 5μSv/h	
二级放射性物质 RRY	RADIOACTIVE II	辐射水平高于一级放射性物质。0 < TI ≤ 1,而且外表面任一点最大辐射水平超过 5μSv/h,但不超过 0.5mSv/h	医疗或放射用同位素,如碘 −132,钴 −60
三级放射性物质 RRY	RADIOACTIVE III	辐射水平高于二级放射性物质。1 < TI ≤ 10,而且外表面任一点最大辐射水平超过 2mSv/h,但不超过 0.5mSv/h	
裂变物质	FISSILE		铀 −235,钚 −239

小 链 接

毫希沃特（mSv）是辐射剂量的基本单位之一,如图 2-21 所示为辐射水平测量仪器。辐射剂量的主单位是希沃特（Sv）,但希沃特是个非常大的单位,因此通常使用毫希沃特（mSv）,1mSv=0.001Sv。此外还有微希沃特（μSv）,1μSv=0.001mSv。对一般人来说,比如在日常工作中不接触辐射性物质的人,每年因自然环境辐射（主要是空气中的氡）的正常摄取量是每年 1～2mSv。日常生活中的辐射如图 2-22 所示。

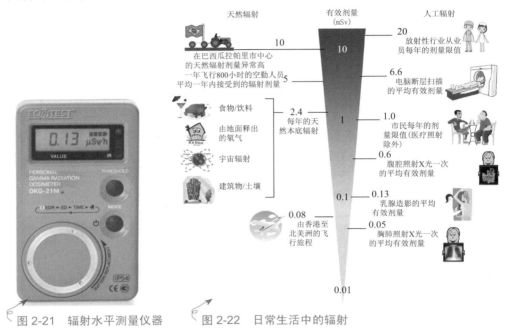

图 2-21　辐射水平测量仪器　　　　图 2-22　日常生活中的辐射

　　生活中处处充满辐射,但适当的辐射对人体并无明显的害处,比如香蕉富含钾元素,天然钾中含有放射性同位素。（钾 -40 是天然存在的放射性核素,钾也是人体内常量元素,含量较多,所以钾 -40 是人体受天然核辐射的主要来源之一。）

　　有人做了一个有趣的测试,如图 2-23 所示。

　　（1）吃一根香蕉:相当于接收 0.1μSv 的辐射（如果一次性接受超过 2Sv 的辐射,极有可能在短时间内死亡,相当于两千万根香蕉）。

　　（2）自然环境:0:15μSv/h。

　　（3）广岛市区:0.3μSv/h。

　　（4）飞机上:1.5μSv/h（飞过极地时可能达到 3μSv/h）。

　　（5）切尔诺贝利核电站石棺外面:5μSv/h。

　　（6）切尔诺贝利附近医院;1500μSv/h（消防员待过的医院,在一堆遗弃的消费装备上面发现）。

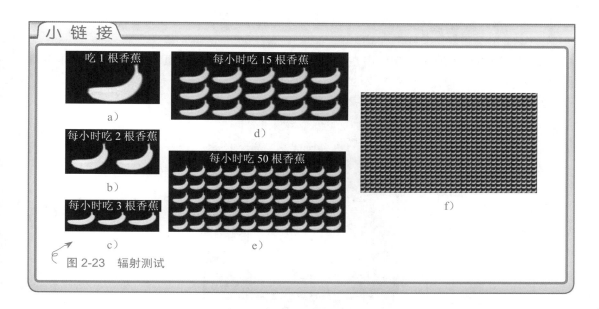

吃 1 根香蕉
a)

每小时吃 2 根香蕉
b)

每小时吃 3 根香蕉
c)

每小时吃 15 根香蕉
d)

每小时吃 50 根香蕉
e)

f)

图 2-23　辐射测试

第八节
腐蚀性物质

引例　1973 年,一架从纽约起飞的货机空中起火,在波士顿机场迫降时飞机坠毁,机组人员全部遇难(如图 2-24)。

事后调查,发生事故的主要原因如下:

托运人签署了一份空白"托运人危险品申报单"给货运代理,供货商用卡车将货物送交货运代理,货运代理将货物交给包装公司做空运包装。包装公司不了解硝酸的

图 2-24　波士顿空难

包装要求,将装有 5L 硝酸的玻璃瓶放入一个用锯末做吸附和填充材料的木箱中。这样的包装共有 160 个,一些工人在包装外粘贴了方向性标签,一些人则没有贴。货物在交运时,货运单上的品名被改成了"电器",危险品文件在操作过程也丢失了。

这 160 个木箱在装集装器时,粘贴了方向性标签的木箱是按照向上方向码放的,而未粘贴方向性标签的木箱被倾倒了。

事后用硝酸与木屑接触做试验,试验证明硝酸与木屑接触后会起火:接触 8min 后冒烟;16min 后木箱被烧穿;22min 后爆燃;32min 后变为灰烬。

倾倒的木箱在到达巡航高度时,因瓶子的内外压差,造成瓶帽松弛,硝酸流出与木屑接触后起火。实际起火的木箱可能不超过 2 个,但它导致了整架飞机的坠毁。

一、腐蚀性物质的定义

腐蚀性物质是指通过化学作用在接触生物组织时会造成生物组织严重损伤、或在渗漏时会严重损害甚至毁坏其他货物或运输工具的物质。

常见的腐蚀性物质有硫酸(图2-25)、硝酸等。

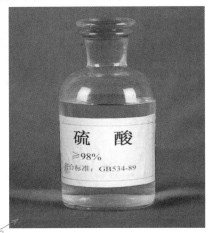

图 2-25　硫酸

 二、腐蚀性物质的包装等级

根据腐蚀能力的不同,将腐蚀性物质划分为 3 个包装等级,见表 2-17。

腐蚀性物质包装等级　　　　　　　　　　　　表 2-17

包 装 等 级	接 触 时 间	观 察 时 间	效 果
Ⅰ级包装	≤ 3min	≤ 60min	完整皮肤全部坏死
Ⅱ级包装	> 3 min ≤ 60min	≤ 14d	完整皮肤全部坏死
Ⅲ级包装	> 60min ≤ 4h	≤ 14d	完整皮肤全部坏死
Ⅲ级包装	—	—	被判定不引起完好皮肤组织全厚度毁损,但在 55℃的实验温度下对钢或铝表面的腐蚀率一年超过 6.25mm 的物质

 三、腐蚀性物质的列表(表2-18)

腐蚀性物质的列表　　　　　　　　　　　　表 2-18

名称 / 项 / 代号	危险性标签	危险性描述	示　例
腐蚀性物质 8 RCM		通过化学作用在接触生物组织时会造成严重损伤、或在渗漏时会严重损害甚至毁坏其他货物或运输工具	硫酸、硝酸等

第九节
杂项危险物质和物品，包括环境危害物质

引例1 2017年2月18日，春秋航空公司哈尔滨至名古屋航班，飞机在巡航阶段发生一起旅客携带的充电宝自燃起火事件（图2-26），飞机备降沈阳桃仙机场，此次事件未造成人员伤亡和飞机受损，构成一起因充电宝自燃而引发的运输航空严重事故征候。

a)　　　　　　　　　　　　　　　　　b)

图2-26　春秋航空充电宝自燃

引例2 2018年2月25日，南航CZ3539广州—上海航班，在旅客登机过程中，客舱行李架内旅客手提行李中的一个充电宝起火（图2-27）。此次事件未造成人员伤亡和飞机受损，构成一起因充电宝自燃而引发的运输航空严重事故征候。

 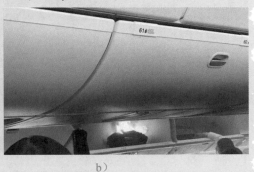

a)　　　　　　　　　　　　　　　　　b)

图2-27　南航充电宝自燃

一、第9类危险品的定义

第9类危险品指在空运过程中存在不属于其他类别危险性的危险物质和物品。

第9类危险品包括但不限于下列物品和物质：

（1）航空限制的固体或液体。

（2）磁性物质。

（3）高温物质。

（4）环境危害物质。

（5）转基因微生物和转基因生物。

（6）锂电池。

（7）其他杂项物品和物质。

常见的第 9 类杂项危险品有：干冰，手机等锂电池驱动的电子设备，石棉，机动车（以气体或液体作为燃料），电动车，救生设备，急救包等，如图 2-28 所示。

a）

b）

c）

d）

图 2-28　杂项危险品

二、锂电池相关知识

第 9 类杂项危险品中最常见的就是锂电池及其相关产品。

小 链 接

抽样调查显示，2017 年平均每名航空旅客携带 1.7 块锂电池，其中充电宝为 0.7 块，其他含锂电池设备（手机、平板电脑等）所含锂电池为 1 块。

2016 年国内航空公司运输危险品货物 28.0 万 t，其中锂电池货物 25.6 万 t。港澳台航空公司运输危险品货物 12.0 万 t，其中锂电池货物 11.4 万 t。外国航空公司从中国运输危险品货物 16.5 万 t，其中锂电池货物 12.5 万 t。

1. 锂金属电池（Lithium Metal）

锂金属电池一般指由金属锂或锂混合物充当阳极的一次性电池（不可充电）。如一些手表电池等，如图 2-29 所示。

图 2-29　锂金属电池

2 锂离子电池（Lithium Ion）

锂离子电池一般由石墨作为负极，锂化合物作为正极，中间是电解质，可以反复充电。如手机电池、笔记本电池等，如图 2-30 所示。

a)　　　　　　　　　　　　　　　　　　b)

图 2-30　锂离子电池

3. 电池芯

电池芯是电池成品的最核心组件，分为有铝壳的液锂电芯和有铝塑膜的聚合物电芯。

4. 电池

把电芯连接（采用点焊，也有焊锡方式）上保护板后，再装上电池胶框贴上商标就是成品电池组。成品电池组有单节的（如通常使用的手机电池），也有多节的（如笔记本电池），如图 2-31 所示。

5. 电池容量

电池容量表示在一定条件下（放电率、温度、终止电压等），电池放出的电量，通常以安培·小时为单位，以 A·h 表示，如图 2-32 所示。

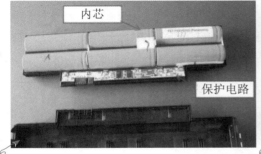

图 2-31　笔记本电池　　　　　图 2-32　电池容量标志

6. 额定能量

额定能量是电池可以提供的最大能量。能量单位是瓦特小时,符号是 W•h,如图 2-30 所示。额定能量(W•h)= 额定电压(V)× 电池容量(A•h)。

图 2-32 中电池的额定能量为:$54.8V×(4400mA•h÷1000)=241W•h$

三、第9类危险品的列表

第 9 类危险品采用统一的杂项危险物质和物品标签,但其中锂电池及相关设备有专用标签;磁性物质不需要粘贴第 9 类标签,只需要粘贴磁性物质的操作标签(危险性标签和操作标签具体会在第四章讲解),如表 2-19 所示。

第 9 类危险品的列表   表 2-19

名称/项/代号	危险性标签	危险性描述	示　例
杂项危险物质和物品,包括环境危害物质 9 RMD MAG ICE RSB ELI ELM EBI EBM RBI RBM RLI RLM		在空运过程中存在不属于其他类别危险性的危险物质和物品,包括环境危害物质	石棉、干冰等
		锂电池及相关设备,起火风险	手机、笔记本电脑、摄像机等
	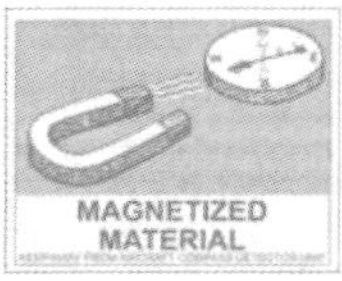	很强的磁场,影响电子仪器	

第十节
多重危险性的物质

当具有双重危险性的危险物品出现在危险品品名表中时,表中已列出了该危险物品的主次危险性。如果某物品或物质在危险品品名表中未列出具体名称,并且具有双重危险性,其主要危险性必须按照下列标准确定。

一、危险性主次顺序表

如果某些物品或物质在IATA《危险品规则》危险品品名表中未列出具体名称,又具有双重危险性,并且两种危险性出现在第3类、第4类、第8类或5.1项、6.1项时,必须使用

IATA《危险品规则》主次危险性表来确定两种危险性中的一种作为主要危险性,一种作为次要危险性。在不同危险性所对应的包装等级之中,必须选取最严格的包装等级来作为该危险品的包装等级。表 2-20 中纵横交叉之处的类、项是主要危险性,未显示的另一类项是次要危险性,在纵横交错处同时列出了该物品正确的包装等级。

第 3、4、8 类及 5.1 项、6.1 项危险性和包装等级主次顺序表　　　　表 2-20

类、项	包装等级	4.2 II	4.2 III	4.3 I	4.3 II	4.3 III	5.1 I	5.1 II	5.1 III	6.1(d) I	6.1(o) I	6.1 II	6.1 III	8(l) I	8(s) I	8(l) II	8(s) II	8(l) III	8(s) III
3	I*			4.3,I	4.3,I	4.3,I	—	—	—	3,I	3,I	3,I	3,I	3,I	—	3,I	—	3,I	—
3	II*			4.3,I	4.3,I	4.3,II	—	—	—	3,I	3,I	3,II	3,II	8,I	—	3,II	—	3,II	—
3	III*			4.3,I	4.3,II	4.3,III	—	—	—	6.1,I	6.1,I	6.1,II	3.III**	8,I	—	8,II	—	3,III	—
4.1	II*	4.2,II	4.2,II	4.3,II	4.3,II	4.3,II	5.1,I	4.1,II	4.1,II	6.1,I	6.1,I	4.1,II	4.1,II	—	8,I	—	4.1,II	—	4.1,II
4.1	III*	4.2,II	4.2,III	4.3,II	4.3,II	4.3,II	5.1,I	4.1,II	4.1,II	6.1,I	6.1,I	6.1,II	4.1,II	—	8,I	—	8,II	—	4.1,III
4.2	II			4.3,II	4.3,II	4.3,II	5.1,I	4.2,II	4.2,II	6.1,I	6.1,I	4.2,II	4.2,II	8,I	4.2,II	4.2,II	4.2,II	4.2,II	4.2,II
4.2	III			4.3,II	4.3,II	4.3,II	5.1,I	5.1,II	4.2,III	6.1,I	6.1,I	4.2,II	4.2,III	8,I	8,II	8,II	4.2,III	4.2,III	4.2,III
4.3	I						5.1,I	4.1,I	4.3,I	6.1,I	6.1,I	4.3,I	4.3,I	4.3,I	4.3,I	4.3,I	4.3,I	4.3,I	4.3,I
4.3	II						5.1,I	4.1,I	4.3,II	6.1,I	6.1,I	4.3,II	4.3,II	4.3,I	4.3,I	4.3,II	4.3,II	4.3,II	4.3,II
4.3	III						5.1,I	5.1,II	4.3,III	6.1,I	6.1,I	6.1,II	4.3,III	8,I	8,I	8,II	8,II	4.3,III	4.3,III
5.1	I									5.1,I	5.1,I	5.1,I	5.1,I	5.1,I	5.1,I	5.1,I	5.1,I	5.1,I	5.1,I
5.1	II									6.1,I	6.1,I	6.1,I	5.1,II	8,I	5.1,II	5.1,II	5.1,II	5.1,II	5.1,II
5.1	III									6.1,I	6.1,I	6.1,I	5.1,III	8,I	8,I	8,II	8,II	5.1,III	5.1,III
6.1(d)	I													8,I	6.1,I	6.1,I	6.1,I	6.1,I	6.1,I
6.1(o)	I													8,I	6.1,I	6.1,I	6.1,I	6.1,I	6.1,I
6.1(i)	II													8,I	6.1,I	6.1,I	6.1,I	6.1,I	6.1,I
6.1(d)	II													8,I	6.1,I	6.1,I	6.1,I	6.1,I	6.1,I
6.1(o)	II													8,I	8,I	6.1,I	6.1,I	6.1,I	6.1,I
6.1	III													8,I	8,I	8,I	8,II	8,II	8,II

注:1.（l）- 液体;（s）- 固体;（i）- 吸入;（d）- 皮肤接触;（o）- 口服;—代表不可能的组合。

　　2. * 代表这里的 4.1 项不包括自身反应物质和减敏的固体爆炸品,第 3 类不包括减敏的液体爆炸品。

　　3. ** 代表对农药而言,主要危险性必须是 6.1 项。

二、例外原则

具有多重危险性的物品或物质,如果其中一种危险性符合下列各类、项或特定危险类型的标准,则这些类、项及特定危险类型永远作为主要危险性,因此它们不在主次危险性表中列出:

（1）第 1 类、第 2 类和第 7 类。

（2）5.2 项和 6.2 项。

（3）4.1 项的自反应物质及其相关的物质、减敏的固态爆炸品。

（4）4.2 项的发火物质。

（5）吸入毒性达到包装等级 I 级的 6.1 项物质[但如果其同时具有第 8 类腐蚀危险性,其粉尘或气雾吸入毒性（LC_{50}）达到包装等级 I 级标准,但口服或皮肤接触毒性仅为 III 级或未达到包装等级 III 级范围的物质或制剂,这类物质或制剂必须归入第 8 类]。

（6）第 3 类中减敏的液态爆炸品。

三、其他情况

（一）放射性物品

放射性物品具有其他危险性的，必须始终将第 7 类作为主要危险性，同时必须确定次要危险性。对于放射性物品例外包装件，则其他危险性作为主要危险性。还有必要考虑这种放射性物品与空气或水反应生成其他危险性产物的可能性。

（二）磁性物质

符合磁性物质标准同时也具有其他危险性的物品，除了作为磁性物质以外，还必须根据本节的分类标准进行识别。

（三）感染性物质

具有其他危险性的感染性物质必须始终归类为第 6.2 项，并且还应识别它最大的其他危险性。

本章小结

本章讨论了航空危险品九大类的分类以及每种危险品的特性，并给出了一些实例帮助大家理解。通过本章的学习，可让大家深刻了解到危险品带来的风险，对接下来危险品的包装以及严格的运输流程有心理认同。

思考与练习

一、简答题

1. 九大类危险品分别是什么？并给出其典型代表物质。

2. 哪些爆炸品可以被装载在货机上？

3. 碳酸饮料属于第 2 类危险品气体吗？

4. 什么样的液体是易燃液体？

5. 当一种物质或物品具有双重危险性，但在危险品品名表中未列出具体名称，如何判断其主次危险性？

二、判断题

1. 硫化氢的燃烧范围是 4.3% ～ 45%，所以它是易燃气体。　　　　　　　　（　　）

2. 半数致死浓度的数值越小，表示物质的毒性也越小。　　　　　　　　　　（　　）

3. 皮肤接触 1h 后，观察 8d 发现皮肤组织完全坏死，属于第 8 类危险品，包装等级 Ⅱ 级。　　　　　　　　　　　　　　　　　　　　　　　　　　　　　　（　　）

4. 油漆属于第 3 类危险品。　　　　　　　　　　　　　　　　　　　　　　（　　）

5. 二氧化碳灭火剂属于第 2.2 项危险品。　　　　　　　　　　　　　　　　（　　）

6. 危险品分类序号的大小代表危险性的大小。 （   ）

7. 干冰属于第 2 类危险品。 （   ）

8. 能使人感染的感染性物质是 A 级感染物质,能使动物感染的感染性物质是 B 级感染物质。 （   ）

9. 放射性物质分为 3 个包装等级。 （   ）

10. 磁性物质属于第 9 类危险品。 （   ）

三、填空题

1. 判断下列易燃液体的包装等级。

初始沸点(℃)	45	34	36	80	90
闪点(℃)	20	18	23	60	61
包 装 等 级					

2. 确定下列毒性物质的包装等级。

物 质 状 态	途 径	LD_{50}/LC_{50}	包 装 等 级
粉尘	吸入	0.2mg/L	
固体	口服	8.5mg/kg	
液体	皮肤接触	340mg/kg	
烟雾	吸入	3mg/L	

3. 确定下列腐蚀性物质的包装等级。

接 触 时 间	4h	1min	1h	30min	6h
观 察 时 间	14d	30min	13d	10d	14d
包 装 等 级					

四、选择题

1. 液氮对应的 IMP 代号是（   ）。

A.RFL   B.RNG   C.RCL   D.RFG

2. 第一类爆炸品中,（   ）可以用客机运输。

A.1.4G   B.1.3D   C.1.4S   D.1.3C

3. 一种混合物经检测闪点为 12℃,沸点为 40℃,同时具有口服毒性,口服毒性 LD_{50} 为 100mg/kg,则这种混合物的危险性和包装等级为（   ）。

A.6.1（3）,Ⅲ   B.3（6.1）,Ⅱ   C. 6.1（3）,Ⅱ   D. 3（6.1）,Ⅲ

4. 下列物质中,（   ）属于 A 级感染性物质。

A. 埃博拉病毒   B. 酸奶   C. 水痘疫苗   D. 移植器官

5. 下列物质中,（   ）属于 2.2 项危险品。

A. 氢气罐   B. 压缩氧气瓶

C. 皮球   D. 干冰

6. 一件放射性货包的运输指数 TI 为 1.5,表面辐射水平为 1 mSv/h,属于（   ）。

A. Ⅰ级放射性物质   B. Ⅱ级放射性物质

C. Ⅲ级放射性物质

7. 下列物质中,( )属于4.1项危险品。

    A. 白磷   B. 金属钠   C. 自反应物质   D. 椰肉干

8. 下列物品不属于第9类危险品的是( )。

    A. 石棉   B. 汽车   C. 金属锂   D. 笔记本电脑

9. 下列说法错误的是( )。

    A. 液氮对人体的危害主要是窒息和冻伤

    B. 自加热火锅的加热包里面通常包含第四类危险品

    C. 人畜中毒的途径有3种:呼吸道中毒、皮肤接触中毒和口服中毒,在运输中尤其要防范呼吸途径中毒

    D. 第1类爆炸品的危险性远高于其他类危险品,所以很多爆炸品都是禁运的

10. 下面不属于危险品的是( )。

    A. 酒精浓度75%的医用酒精   B. 火柴   C. 充电宝

    D. 医院配给癌症病人的含放射性同位素的抗癌药

11. 以下物质或物品中不属于危险品的是( )。

    A. 手机   B. 硝酸   C.酒精浓度4%的啤酒   D. 安全火柴

12. 以下物质或物品属于杂项危险品的是( )。

    A. 汽车   B. 氧气发生器

    C. 油漆   D. 打火机

13. 以下物质或物品是属于4.1项易燃固体的是( )。

    A. 金属锂   B. 自反应物质

    C. 有机过氧化物   D. 黄磷

14. 感染性物质包括下面哪种物品或物质?( )

    A. 正常的河水样本   B. 氧气发生器

    C. 口蹄疫病毒   D. 疫苗

15. 干冰对应的货运联运代号IMP是( )。

    A.MAG   B.FRG   C.ICE   D.RFL

16. 液氮的主要危险性是( )。

    A. 燃烧   B. 窒息   C. 助燃   D. 毒性

17. 民航飞机承运的单个放射性物质的货包的最高运输指数为( )。

    A.1   B.5   C. 10   D.20

18. 一种腐蚀性液体与皮肤接触2h,观察时间2d,皮肤全部坏死,这种液体的包装等级为( )。

    A. Ⅰ级   B. Ⅱ级   C.Ⅲ级

19. 下列属于民航运输中放射性物质的是( )。

    A. 癌症病人吃的抗癌药   B. 运输指数0的放射性货包

    C. 电磁管

20. 下列爆炸品中,不可以装载在民航飞机上的是( )。

    A.1.4S   B.1.3G   C.1.3C   D.1.3F

危险货物的托运

❋ 第二节 危险品的包装
❋ 第三节 危险品的标记标签
❋ 第四节 危险品的运输文件

托运人在托运危险品货物时,需在正确分类的基础上,确定危险品的运输专用名称,并根据《技术细则》的要求选取相应的包装,粘贴适当的标记、标签并准备好与运输有关的文件,才能够将危险品货物交给运营人来进行航空运输。

第一节
危险品的品名

危险品在托运时必须确定运输专用名称,IATA 在遵循 ICAO 危险物品定义和分类的前提下,在《危险品规则》中列举了航空运输危险物品的运输专用名称,其中包含了大约 3000 种物品和物质,并规定了相应的运输条件和防护措施,具有极强的操作性。但是,要注意的是,随着新产品、新技术的不断涌现,未在《危险品规则》中列出但是性质确属危险品的情况越来越多,为了将这些危险品囊括进去,在品名表中列出了一些物质或物品的广义的名称,称为类属名称或泛指名称(not otherwise specified, n.o.s),以这种名称列出了危险品表中未列出具体名称的物质。对于未列入表中的物品和物质是否允许航空运输或何种情况下能够航空运输有任何疑问,托运人和经营人必须向有关专业机构咨询。

一、危险品品名表

《危险品规则》给出的品名表有 3 种,其中 4.1 表是类属和 n.o.s. 运输专用名称表,4.2 表是按字母顺序排列的运输专用名称表,4.3 表是按危险物品编号排列的编号与品名的对照表。其中 4.2 表是信息最完整的,表中列明了该危险品的 UN/ID 编号、类别/项别、次要危险性、危险性标签、包装等级、包装说明代号及客、货机载运时的每一包装件的数量限制、特殊规定及应急措施代码等。4.3 表为编号与品名对照表,它是按照编号的阿拉伯数字顺序排列的,同时标注了每个品名在 4.2 表中的页码。3 种品名表分别如图 3-1 ～图 3-3 所示。

类别或项别 **Class or Division**	次要危险性 **Subsidiary Risk**	联合国或 识别编号 **UN or ID No.**	运输专用名称 (注:★不是运输专用名称的一部分) **Proper Shipping Names** (*Note*;*The ★is not part of the proper shipping name.*)
第 1 类 **Class 1**			
1		0190	爆炸品样品 ★起爆药除外 **Samples, explosive ★** other than initiating explosive
1.1 项 Division 1.1			
1.1L		0354	爆炸性物品,n.o.s ★ **Articles, explosive, n.o.s ★**
1.1C		0462	爆炸性物品,n.o.s ★ **Articles, explosive, n.o.s. ★**
1.1D		0463	爆炸性物品,n.o.s ★ **Articles, explosive, n.o.s. ★**
1.1E		0464	爆炸性物品,n.o.s ★ **Articles, explosive, n.o.s. ★**
1.1F		0465	爆炸性物品,n.o.s ★ **Articles, explosive, n.o.s. ★**
……		……	……

图 3-1 类属和 n.o.s. 运输专用名称表(DGR 4.1.A 表)

UN/ ID no. A	Proper Shipping Name/Description B	Class or Div. (Sub Hazard) C	Hazard Label(s) D	PG E	EQ see 2.6 F	Passenger and Cargo Aircraft				Cargo Aircraft Only		S.P. see 4.4 M	ERG Code N
						Ltd Qty							
						Pkg Inst G	Max Net Qty/Pkg H	Pkg Inst I	Max Net Qty/Pkg J	Pkg Inst K	Max Net Qty/Pkg L		
	Accellerene, see **p-Nitrosodimethylaniline** (UN 1369)												
	Accumulators, electric, see **Batteries, wet, filled with acid †** (UN 2794) or **Batteries, wet, filled with alkali †** (UN 2795) or **Batteries, wet, non-spillable †** (UN 2800)												
	Accumulators, pressurized, hydraulic (containing non-flammable gas), see **Articles, pressurized, hydraulic** (UN 3164)												
	Accumulators, pressurized, pneumatic (containing non-flammable gas), see **Articles, pressurized, pneumatic** (UN 3164)												
1088	**Acetal**	3	Flamm. liquid	II	E2	Y341	1 L	353	5 L	364	60 L		3H
1089	**Acetaldehyde**	3	Flamm. liquid	I	E0	Forbidden		Forbidden		361	30 L	A1	3H
1841	**Acetaldehyde ammonia**	9	Miscellaneous	III	E1	Forbidden		956	200 kg	956	200 kg		9L
2332	**Acetaldehyde oxime**	3	Flamm. liquid	III	E1	Y344	10 L	355	60 L	366	220 L		3L
2789	**Acetic acid, glacial**	8 (3)	Corrosive & Flamm. liquid	II	E2	Y840	0.5 L	851	1 L	855	30 L		8F
2790	**Acetic acid solution** more than 10% but less than 50% acid, by weight	8	Corrosive	III	E1	Y841	1 L	852	5 L	856	60 L	A803	8L
2789	**Acetic acid solution** more than 80% acid, by weight	8 (3)	Corrosive & Flamm. liquid	II	E2	Y840	0.5 L	851	1 L	855	30 L		8F
…	…	…	…	…	…	…	…	…	…	…	…	…	…

图 3-2　运输专用名称表（DGR 4.2 表）

4.3　危险品编号对照表

联合国 编号或 ID 编号	名称和描述	页码
0004	**Ammonium picrate** dry or wetted with less than 10% water, by weight 苦味酸胺干的或湿的，按重量计，含水低于 10%	212
0005	**Cartridges for weapons** † with bursting charge 武器弹药筒装有起爆药	231
0006	**Cartridges for weapons** † with bursting charge 武器弹药筒装有起爆药	231
0007	**Cartridges for weapons** † with bursting charge 武器弹药筒装有起爆药	232
0009	**Ammunition, incendiary** † with or without burster, expelling charge or propelling charge 燃烧弹药，装有或未装有起爆药、发射剂或推进剂	213
0010	**Ammunition, incendiary** † with or without burster, expelling charge or propelling charge 燃烧弹药，装有或未装有起爆药、发射剂或推进剂	213

联合国 编号或 ID 编号	名称和描述	页码
0028	**Black powder in pellets** † 丸状黑火药	223
0028	**Gunpowder, compressed** † 压缩黑火药	273
0028	**Gunpowder in pellets** † 丸状火药	273
0029	**Detonators, non-electric** † for blasting 非电雷管，爆破用	247
0030	**Detonators, electric** † for blasting 电雷管，爆破用	247
0033	**Bombs** † with bursting charge 炸弹，带有爆炸装药	223
0034	**Bombs** † with bursting charge 炸弹，带有爆炸装药	223
0035	**Bombs** † with bursting charge 炸弹，带有爆炸装药	223
0037	**Bombs, photo-flash** † 摄影闪光弹	223
0038	**Bombs, photo-flash** † 摄影闪光弹	223
0039	**Bombs, photo-flash** † 摄影闪光弹	223
0042	**Boosters** † without detonator 助爆管，无雷管	224
0043	**Bursters** † explosive 起爆装置，爆炸性	225
0044	**Primers, cap type** † 帽型起爆器	318
0048	**Charges, demolition** † 爆破炸药	234
0049	**Cartridges, flash** † 闪光弹药筒	231
0050	**Cartridges, flash** † 闪光弹药筒	231

图 3-3　危险品编号对照表（DGR 4.3 表）

二、4.2品名表各栏介绍

这里我们对《危险品规则》中 4.2 品名表各栏进行介绍，如图 3-4 所示。

UN/ID no.	Proper Shipping Name/Description	Class or Div. (Sub Hazard)	Hazard Label(s)	PG	EQ see 2.6	Passenger and Cargo Aircraft				Cargo Aircraft Only		S.P. see 4.4	ERG Code
						Ltd Qty							
						Pkg Inst	Max Net Qty/Pkg	Pkg Inst	Max Net Qty/Pkg	Pkg Inst	Max Net Qty/Pkg		
A	B	C	D	E	F	G	H	I	J	K	L	M	N
3453	Phosphoric acid, solid	8	Corrosive	III	E1	Y845	5 kg	860	25 kg	864	100 kg	A803	8L
1805	Phosphoric acid, solution	8	Corrosive	III	E1	Y841	1 L	852	5 L	856	60 L	A3 A803	8L
	Phosphoric anhydride, see **Phosphorus pentoxide** (UN 1807)												
2834	Phosphorous acid	8	Corrosive	III	E1	Y845	5 kg	860	25 kg	864	100 kg	A803	8L
1338	Phosphorus, amorphous	4.1	Flamm. solid	III	E1	Y443	10 kg	446	25 kg	449	100 kg	A803	3L

图 3-4　4.2 品名表各栏介绍

1. A 栏：UN/ID 编号（UN/ID No.）

本栏是根据联合国分类系统给物品或物质划定的号码,使用时,必须冠以字母"UN"。比如 UN1950,不能表示为 1950。

如果某危险物质没有指定的 UN 编号,运输时 ICAO 给出了一组识别编号,称为"ID"编号,目前只有一个这种编号,ID8000,其他均为 UN 编号。

2. B 栏：运输专用名称／说明（Proper ShippingName／Description）

本栏包括危险物品运输专用名称和说明其性质的有关文字。本栏中运输专用名称用黑体表示,描述其含量、状态等其他限制说明用细体表示。

下列符号为本栏中一些条目所带符号的含义对照：

★——要求附加技术名称；

十——在《危险品规则》附录 A 中可以找到补充说明。

注意：符号"★"和"十"不是运输专用名称的一部分。

本栏按照英文字母顺序排列危险物质的品名,但对于在运输专用名称中出现的下列部分不作为排序依据：

（1）数字。

（2）单个字母,如：a-、b-、m-、N-、n-、O-、o-、p-。

（3）前缀,如 alpha-、beta-、meta-、omega-、sec-、tert-。

（4）术语"n.o.s"。

除非危险品品名表中有任何条目另外说明,否则"溶液"一词在运输专用名称中意为一种或多种已列名的危险品溶于一种不受本规则限制的液体。

注意：品名不会减轻安全性的轻微差异,如在申报单或包装标记上的运输专用名称漏掉了逗号或句点,不被当作错误。

下面对本栏中关于名称的几种情况举例介绍：

【例1】

UN/ID no.	Proper Shipping Name/Description	Class or Div. (sub Risk)	Hazard Label (s)	PG	EQ see 2.6	Passenger and Cargo Aircraft				Cargo Aircraft Only		S.P. see 4.4	ERG Code
						Ltd Qty							
						Pkg Inst	Max Net Qty / Pkg	Pkg Inst	Max Net Qty / Pkg	Pkg Inst	Max Net Qty / Pkg		
A	B	C	D	E	F	G	H	I	J	K	L	M	N
3065	Alcoholic beverages containing 70% or less but more than 24% of alcohol by volume in receptacles, each having capacities of more than 5 Litres	3	Flamm. liquid	III	E1	Y344	10L	355	60L	366	220L	A9 A58	3L

此例中，Alcoholic beverages 是黑体，这是出现在包装外表面及运输文件上的危险品的正式运输名称，而 containing 70% or less but more than 24% of alcohol by volume，in receptacles，each having capacities of more than 5 Litres 是细体字，这部分细体字不是运输专用名称的组成部分，但可以作为运输专用名称的补充。

【例2】

UN/ID no.	Proper Shipping Name/Description	Class or Div. (sub Risk)	Hazard Label (s)	PG	EQ see 2.6	Passenger and Cargo Aircraft				Cargo Aircraft Only		S.P. see 4.4	ERG Code
						Ltd Qty							
						Pkg Inst	Max Net Qty / Pkg	Pkg Inst	Max Net Qty / Pkg	Pkg Inst	Max Net Qty / Pkg		
A	B	C	D	E	F	G	H	I	J	K	L	M	N
3482	Alkali metal dispersion, flammable	4.3(3)	Dang.when wet&Flamm. liquid	I	E0	Forbidden		Forbidden		480	1L	A84	4W
	Alkaline corrosive battery fluid, see Battery fluid, alkali (UN 2797)												

此例中，"see"前是细体字，通常是这种物质的商业名称或俗称，而"see"后的粗体字才是运输专用名称。

【例3】

UN/ID no.	Proper Shipping Name/Description	Class or Div. (sub Risk)	Hazard Label (s)	PG	EQ see 2.6	Passenger and Cargo Aircraft				Cargo Aircraft Only		S.P. see 4.4	ERG Code
						Ltd Qty							
						Pkg Inst	Max Net Qty/ Pkg	Pkg Inst	Max Net Qty/ Pkg	Pkg Inst	Max Net Qty/ Pkg		
A	B	C	D	E	F	G	H	I	J	K	L	M	N
1545	Allyl isothiocyanate, stabilized	6.1(3)	Toxic & Flamm.liquid	II	E0	Forbidden		Forbidden		661	60L	A1 A209	6F
	Allyl isothiocyanate, unstabilized					Forbidden		Forbidden		Forbidden			

此例中，Allyl isothiocyanate, unstabilized 是细体字，而且没有 UN/ID 编号，在后面客货机运输栏中都显示"Forbidden"，表示这种物质危险性太大不能通过航空运输，因此不需要设置编号和品名。

【例4】

UN/ID no.	Proper Shipping Name/Description	Class or Div. (sub Risk)	Hazard Label (s)	PG	EQ see 2.6	Passenger and Cargo Aircraft				Cargo Aircraft Only		S.P. see 4.4	ERG Code
						Ltd Qty							
						Pkg Inst	Max Net Qty/Pkg	Pkg Inst	Max Net Qty/Pkg	Pkg Inst	Max Net Qty/Pkg		
A	B	C	D	E	F	G	H	I	J	K	L	M	N
3065	Alcoholic beverages containing more than 70% alcohol by volume	3	Flamm.liquid	II	E2	Y341	1L	353	5L	364	60L		3L
	Alcoholic beverages, containing 24% or less alcohol by volume					Not Restricted		Not Restricted		Not Restricted			

此例中，Alcoholic beverages，containing 24% or less alcohol by volume 是细体字，在后面客货机运输栏中都显示"Not Restricted"，表示这种物质在航空运输中无危险性，运输时不受限制，可以作为非危品运输。

【例5】

UN/ ID no.	Proper Shipping Name/Description	Class or Div. (sub Risk)	Hazard Label (s)	PG	EQ see 2.6	Passenger and Cargo Aircraft						Cargo Aircraft Only		S.P. see 4.4	ERG Code
						Ltd Qty		Pkg Inst	Max Net Qty/Pkg			Pkg Inst	Max Net Qty/Pkg		
						Pkg Inst	Max Net Qty/Pkg								
A	B	C	D	E	F	G	H	I	J	K	L			M	N
1993	containing gas (UN 2037) Flammable liquid, n.o.s. ★	3	Flamm.liquid	I II III	E3 E2 E1	Forbidden Y341 Y344	1L 10L	351 353 355	1L 5L 60L	361 364 366	30L 60L 220L			A3	3H 3H 3L

此例中，Flammable liquid，n.o.s. ★中 n.o.s. 是 not otherwise specified（未具体列名的）的缩写，代表易燃液体这一类危险品，★则表示在运输时应该附加该种物质的技术名称，应按如下格式标识此物质的运输专用名称 Flammable liquid，n.o.s.（***）。

【例6】

UN/ ID no.	Proper Shipping Name/Description	Class or Div. (sub Risk)	Hazard Label (s)	PG	EQ see 2.6	Passenger and Cargo Aircraft						Cargo Aircraft Only		S.P. see 4.4	ERG Code
						Ltd Qty		Pkg Inst	Max Net Qty/Pkg			Pkg Inst	Max Net Qty/Pkg		
						Pkg Inst	Max Net Qty/Pkg								
A	B	C	D	E	F	G	H	I	J	K	L			M	N
1139	Coating solution † (includes surface treatments of coatings used for industrial or other purposes such as vehicle undercoating, drum or barrel lining)	3	Flamm.liquid	I II III	E3 E2 E1	Forbidden Y341 Y344	1L 10L	351 353 355	1L 5L 60L	361 364 366	30L 60L 220L			A3	3L 3L 3L

此例中，Coating solution 后面有符号†，代表这种物质有附加解释（此涂料溶液类似于汽车内涂层的、桶或桶状衬套所涂用的材料等，虽不能确切地称之为黏合剂，但在运输中有其同样危险性。这些物质通常还有易燃溶剂。）这些附加解释不是运输专用名称的一部分，只作为补充说明。

3. C栏：类别或项别及次要危险性（ClassorDiv/Sub Risk）

本栏列出的危险品是按照 IATA 的 DGR 分类、分项标准划分的分类或分项号，如果该物品或物质属于第 1 类爆炸品，同时也要列出相应的配装组；括号内表示为该危险品的次要危险性的分类或分项号。

4. D栏：危险性标签［Hazard Label（s）］

本栏列出的是应在 B 栏中所列物品包装件或合成包装件外部粘贴的危险性标贴。主要危险性标贴在前，次要危险性标贴在后。对于 n.o.s 和一般物品及具有多重危险性的物品，可不列出所有适用的次要危险性标签。此外，本栏中的"低温液体""远离热源"和"磁性物质"的操作标签与适用的物品和物质对应显示。 操作标签的使用见本章第三节。

5. E栏：包装等级（PG）

本栏列出的是危险品的联合国包装等级，即Ⅰ、Ⅱ、Ⅲ。

6. F栏：例外数量代号（EQ）

本栏列出的是危险物品对应包装等级的例外数量代号，详见第五章第一节限制的例外数量表。

7. G栏：客货机限量包装说明（Passenger and Cargo Aircraft/LTD QTY/ Pkg Inst）

本栏列出的是用客货机运输危险品时使用限量包装的包装说明编号（限量包装是指定类型的高质量的包装，具体参看本章第二节），且在包装说明前冠以字母"Y"。如果没有列出限量包装说明，则表示该危险品不能采用限制包装进行航空运输。例7中n-Amylene在G栏显示"Forbidden"，则代表这种物质不允许使用限量包装。

【例7】

UN/ ID no.	Proper Shipping Name/Description	Class or Div. (sub Risk)	Hazard Label (s)	PG	EQ see 2.6	Passenger and Cargo Aircraft				Cargo Aircraft Only		S.P. see 4.4	ERG Code
						Ltd Qty		Pkg Inst	Max Net Qty/ Pkg	Pkg Inst	Max Net Qty/ Pkg		
						Pkg Inst	Max Net Qty/ Pkg						
A	B	C	D	E	F	G	H	I	J	K	L	M	N
2620	Amyl butyrates	3	Flamm.liquid	III	E1	Y344	10L	355	60L	366	220L		3L
1107	Amyl chloride	3	Flamm.liquid	II	E2	Y341	1L	353	5L	364	60L		3L
1108	n–Amylene	3	Flamm.liquid	I	E3	Forbidden		351	1L	361	30L		3H

8. H栏：客货机每个限量包装件的最大净数量（Passenger and Cargo Aircraft/LTD QTY/Max Qty Per Pkg）

本栏列出的是用客货机运输危险品时使用限量包装时最大允许的净重量或体积。每一"限制数量"包装件的毛重不超过30kg。列出的数量表示净量，例如1L/1kg，但如果另带字母"G"，则表示该重量为毛重，见例子8。

【例8】

UN/ ID no.	Proper Shipping Name/Description	Class or Div. (sub Risk)	Hazard Label (s)	PG	EQ see 2.6	Passenger and Cargo Aircraft				Cargo Aircraft Only		S.P. see 4.4	ERG Code
						Ltd Qty		Pkg Inst	Max Net Qty/ Pkg	Pkg Inst	Max Net Qty / Pkg		
						Pkg Inst	Max Net Qty/ Pkg						
A	B	C	D	E	F	G	H	I	J	K	L	M	N
1950	Aerosols, flammable	2.1	Flamm.gas		E0	Y203	30kg G	203	75kg	203	150kg	A145 A167 A802	10L

9. I栏：客货机联合国规格包装说明（Passenger and Cargo Aircraft/ Pkg Inst）

本栏列出的是客货机载运危险品使用联合国规格包装（United Nations，简写为UN包装，此种包装必须经过联合国规定的性能测试，包装上有联合国规定的标记）时应遵循的包装说明代号。如果某一物品或物质按G栏或I栏的包装说明进行包装，并且符合H栏或J栏中最大净数量的要求，那么它也可在货机上运输。在这种情况下，包装件不需要贴"CARGO AIRCRAFT ONLY（仅限货机）"标贴。

10. J栏:客货机每个UN包装件的最大净数量(Passenger and Cargo Aircraft/ Max Qty Per Pkg)

本栏列出的是用客货机运输危险品时,每个UN包装件内的最大允许净重量或体积。列出的数量表示净量,但如果另带字母"G",则表示该重量为毛重。如果栏目中出现"forbidden"字样,表示该物品不能用客货机运输。

如果某种危险品的最大允许净数量显示为"No Limit"时,所含危险品的净数量或该危险品每个包装件的毛重必须在托运人的申报单上注明。例9中的易燃液体为燃料的车辆。

【例9】

UN/ ID no.	Proper Shipping Name/Description	Class or Div. (sub Risk)	Hazard Label (s)	PG	EQ see 2.6	Passenger and Cargo Aircraft				Cargo Aircraft Only		S.P. see 4.4	ERG Code
						Ltd Qty		Pkg Inst	Max Net Qty/Pkg	Pkg Inst	Max Net Qty/Pkg		
						Pkg Inst	Max Net Qty/Pkg						
A	B	C	D	E	F	G	H	I	J	K	L	M	N
3166	Vehicle, flammable liquid powered	9	Miscellaneous		E0	Forbidden		950	No limit	950	No limit	A120 A134 A67 A70 A87 A118 A120 A134	9L

11. K栏:仅限货机UN包装说明(Cargo Aircraft Only/ Pkg Inst)

本栏列出的是仅限货机载运危险品的UN包装说明代号。如果某一物品或物质不能按G栏或I栏的包装说明进行包装,但符合H栏或J栏中最大净数量的要求,那么它只能在货机上运输。在这种情况下,包装件必须贴"CARGO AIRCRAFT ONLY(仅限货机)"标贴。

12. L栏:仅限货机每个UN包装件的最大净数量(Cargo Aircraft Only/ Max Qty Per Pkg)

本栏列出的是仅限货机运输的危险品,每个UN包装件内的最大允许净重量或体积。列出的数量表示净量,但如果另带字母"G",则表示该重量为毛重。如果栏目中出现"Forbidden"字样,表示该物品不能用货机运输。

13. M栏:特殊规定(S.P.)

本栏用带有"A"及一位或两位数字组成的符号表示特殊规定的编号,该符号的内容在DGR4.4节特殊规定详细列出。本书附录4有节选。下面举例说明。

【例10】

UN/ ID no.	Proper Shipping Name/Description	Class or Div. (sub Risk)	Hazard Label (s)	PG	EQ see 2.6	Passenger and Cargo Aircraft				Cargo Aircraft Only		S.P. see 4.4	ERG Code
						Ltd Qty		Pkg Inst	Max Net Qty/Pkg	Pkg Inst	Max Net Qty/Pkg		
						Pkg Inst	Max Net Qty/Pkg						
A	B	C	D	E	F	G	H	I	J	K	L	M	N
1569	Bromoacetone	6.1(3)				Forbidden		Forbidden		Forbidden		A2	6F

此例中的危险品Bromoacetone在特殊规定栏编号A2,A2具体内容如图3-5所示。

图 3-5　特殊规定 A2

A2　该物品或物质只有预先得到始发国及经营人国有关当局的批准，并按照该有关当局制定的书面条件才可以用货机运输。

如始发国及经营人国以外的其他国家在其国家差异中规定按本特殊规定运输的危险品必须事先得到其同意，则必须视情从运输中转国、飞越国、目的国获得批准。

在每一种情况下，批准的文件包括数量限制、包装要求，必须有一份伴随货物运输。

图 3-5　特殊规定 A2

可以看出，Bromoacetone 在通常情况下是航空禁运的，但如果相关国家给出批准，是可以通过货机运输的，当然，即使有政府的许可，也要由承运人决定接受与否。

【例 11】

UN/ ID no.	Proper Shipping Name/Description	Class or Div. (sub Risk)	Hazard Label (s)	PG	Passenger and Cargo Aircraft				Cargo Aircraft Only				S.P. see 4.4	ERG Code
					EQ see 2.6	Ltd Qty			Pkg Inst	Max Net Qty / Pkg	Pkg Inst	Max Net Qty / Pkg		
						Pkg Inst	Max Net Qty/Pkg							
A	B	C	D	E	F	G	H	I	J	K	L	M	N
0093	Flares, aerial †	1.3G	Explosive		E0	Forbidden		Forbidden		135	75kg	A802	1L
0403	Flares, aerial †	1.4G	Explosive1.4		E0	Forbidden		Forbidden		135	75kg	A802	1L
0404	Flares, aerial †	1.4S	Explosive1.4		E0	Forbidden		135	25kg	135	100kg	A802	3L

此例中的危险品需要遵循特殊规定 A802，A802 具体内容如图 3-6 所示。

A802　尽管 E 栏无包装等级，此条目所列物质或物品必须包装在符合包装等级 II 级的联合国规格包装容器中。此规定不适用于按有限数量规定运输的气溶胶。

注：

为了识别和文件的目的，不管表 4.2 显示的和用在填制托运人申报单上的包装等级，要求选择上述性能标准高的包装等级。

图 3-6　特殊规定 A802

可以看出，此危险品虽然在 E 栏中并无包装等级，但在运输中必须选择符合包装等级 II 级及以上的 UN 规格的包装才可以。

14. N 栏：应急响应代码（E.R.G.）

本栏列出危险品发生紧急情况后应采取相应措施的代号。本栏内容可在国际民航组织 ICAO《涉及危险品航空器事件应急响应指南》中找到，代码由字母和数字组成，表示危险品在机上发生事故时应采取的措施及需要注意的问题。代号的含义在本书第六章中给出。

三、确定危险品的运输专用名称

每一种危险品都必须在品名表中确定一个运输专用名称方可进行运输。危险品品名表中所列条目有 4 种,优先使用顺序如下所示。

（1）单一条目,具有明确定义的物质与物品,如:UN1223 煤油（Kerosene）;UN2405 丁酸异丙酯（Isopropyl butyrate）。

（2）类属条目,具有明确定义的一组物质与物品,如:UN1133 黏合剂（Adhesive）;UN3103 液态 C 型有机过氧化物（Organic peroxide type C, liquid）;UN1263 涂料相关的材料（Paint related material）。

（3）特定泛指条目（n.o.s.）,包括一组具有某一特定化学成分或技术性质的物质与物品,如:UN1078 制冷气体,泛指（Refrigerant gas, n.o.s.）;UN1987 醇类,泛指（Alcohols, n.o.s.）。

（4）属性泛指条目（n.o.s.）,包括符合一种或多种危险性的一组物质或物品,如:UN1759 腐蚀性固体,泛指（Corrosive solid, n.o.s.）;UN1993 易燃液体,泛指（Flammable liquid, n.o.s.）。

其中,4.1 项中的自反应物质和 5.2 项有机过氧化物的类属条目列在 DGR 附录 C.1 和 C.2 表中。图 3-7 和图 3-8 为品名表节选。

Self-Reactive Substance	Concentration (%)	Control Temperature (°C)	Emergency Temperature (°C)	UN Generic Entry	Notes
Acetone-pyrogallol copolymer 2-diazo-1-naphthol-5-sulphonate	100			3228	
Azodicarbonamide, formulation type B, temperature controlled	<100			Forbidden	1, 2
Azodicarbonamide, formulation type C	<100			3224	1
Azodicarbonamide, formulation type C, temperature controlled	<100			3234	1
Azodicarbonamide, formulation type D	<100			3226	1
Azodicarbonamide, formulation type D, temperature controlled	<100			3236	1
2,2'-Azodi (2,4-Dimethyl-4-methoxyvaleronitrile)	100	–5	+5	3236	
2,2'-Azodi (2,4-Dimethyl-valeronitrile)	100	+10	+15	3236	
2,2'-Azodi (Ethyl 2-methylpropionate)	100	+20	+25	3235	

图 3-7　目前已划归为 4.1 项自反应物质品名表节选（DGR C.1 表）

Organic Peroxide	Concentration (%)	Diluent Type A (%)	Diluent Type B[1] (%)	Inert solid (%)	Water (%)	Control Temperature (°C)	Emergency Temperature (°C)	UN Number (Generic Entry)	Notes
Acetyl acetone peroxide	≤ 42	≥48			≥8			3105	2
Acetyl acetone peroxide	≤ 32 as a paste							3106	20
Acetyl cyclohexanesulphonyl peroxide	≤82	≤			≥12	–10	0	Forbidden	3
Acetyl cyclohexanesulphonyl peroxide	≤ 32		≥68			–10	0	3115	
tert-Amyl hydroperoxide	≤ 88	≥6			≥6			3107	
tert-Amyl peroxyacetate	≤ 62	≥38						3105	
tert-Amyl peroxybenzoate	≤ 100							3103	
tert-Amyl peroxy-2-ethylhexanoate	<100					+20	+25	3115	

图 3-8　目前已划归为 5.2 项自反应物质品名表节选（DGR C.2 表）

第二节 危险品的包装

危险物品具有特殊的物理或化学性质,它们与外部环境接触可能发生变质或因受到碰撞、摩擦、振动、撒漏而引起燃烧、爆炸、毒害、腐蚀、放射性污染等事故,所以对危险货物进行严格有效的包装极为重要。危险品的包装不仅可以保护货物的数量完整、使用价值免受损失,而且可以使危险品在运输过程中不发生事故,保障人员、环境和设备免受危害。

托运人对危险品的包装负全部责任。托运人必须保证所托运的危险品已经按照 ICAO《技术细则》和 IATA《危险品规则》的要求进行正确包装。

一、航空运输的正常条件

航空运输中的危险品在包装时应考虑航空运输的条件,这些条件跟地面有很大的差异,主要体现在温差、压差及飞机的颠簸振动。

1. 温度

在国际运输中,可能遇到的温度范围为 -40 ~ 55℃,在低温下加注的液体,当经过热带区域时,温度的升高可能导致内部液体流出,也可能引起容器或包装的破裂。为了避免发生这些情况,容器或包装要在内部留出适当的剩余空间,并应满足相应的压力要求。

2. 压力

由于飞机的飞行高度,包装件在飞行中承受的压力将小于海平面的标准大气压。注入容器时的正常压力一般大约为 100kPa,空中的低压将使容器或包装内部与货舱产生压力差。对于加压舱,压力差为 25kPa;对于非加压舱,压力差为 75kPa。除非每一个内容器或包装以及其封闭装置都通过了包装测试,否则此压力差将导致飞行过程中液体溢出或使得容器/包装破裂。

3. 振动

包装在商用飞机上经受振动的范围,大约在 7Hz、5mm 振幅(相当于 1 个重力加速度)至 200Hz、0.05mm 振幅(相当于 8 个重力加速度)之间。

二、包装的基本要求

根据航空运输的条件和危险品的性质,航空运输的危险品所使用的包装应该符合以下基本要求:

(1)包装质量要过关,危险品必须使用优质包装材料,必须具有足够的强度来抵抗运输途中在正常情况下会遇到的冲击与载荷。包装件的结构和封闭性能,必须适应正常空运条件下温度、湿度、压力(比如由于海拔高度所产生)的变化而不致泄漏。

(2)包装应满足兼容性要求,直接与危险品接触的包装部分必须不受危险品的影响或严重削弱,并且必须不会产生危险效果,比如促使反应或者与危险品反应。

（3）包装注入液体后，内部须保留足够的剩余空间（预留空间），以防止在运输中因液体遇热膨胀而引起容器泄漏或出现永久性变形。在55℃时，液体不得完全充满容器。

（4）危险品的内包装在装入外包装后，必须采取固定或衬垫的措施，容易破碎或者刺破的内包装，例如玻璃、瓷器或某些塑料等必须用适当的衬垫材料固定在外包装中。内装物品的任何泄漏，都不得降低衬垫材料或外包装的保护性能。

（5）一种危险品不得与可以互相发生危险反应的其他危险品放置在同一外包装内。

（6）包装物应当在检查后证明其未受腐蚀或者其他损坏时，方可再次使用。再次使用包装物时，应当采取一切必要措施以防止随后装入的物品受到污染。如果由于之前内装物的性质，未经彻底清洗的空包装物可能造成危害时，应当将其严密封闭，并按其构成危害的情况加以处理。

（7）包装件外部不得黏附构成危害数量的危险物质。

（8）对于塑料桶、方形桶、硬质塑料中型散装容器以及带有塑料内容器的复合中型散装容器，除非国家当局另有规定，用于运输危险品的使用期不得超过五年。使用期从容器的制造日期算起，除非因为所运输物质的性质而规定了更短的使用期。

三、包装的相关术语

要充分了解危险货物的包装，首先要熟悉有关包装的术语。

（1）包装（Packaging）：一个或几个容器，以及为发挥容器盛装作用和其他安全作用所需要的任何其他部件或材料。

（2）打包（Packing）：对物品或物质进行捆扎、包装或固定的工艺和操作。

（3）内包装（Inner Packaging）：在运输中还需要使用外包装才能达到安全运输目的的包装，如图3-9所示。

（4）外包装（Outer Packaging）：是指复合包装或组合包装的外保护层，使用任何吸附材料、衬垫及任何其他必要的部件来包容和保护内部容器或内部包装。

（5）包装件（Package）：是指包装作业的完整产品，包括包装和准备运输的内装物，如图3-10所示。

a) b)

图3-9 内包装

图3-10 包装件

（6）集合包装件（Overpack）：为了运输和装载的方便，同一托运人将若干个符合危险物品包装、标记、标签要求的包装件合成一个作业单元。其可分为封闭性和敞开性两种（飞机集装器不能作为集合包装件），如图 3-11 所示。

a）

b）

图 3-11　集合包装件

四、包装方式

（一）组合包装（Combination Packaging）

组合包装指由内外包装组合而成的包装。其一般由木材、纤维板、金属、塑料制成一层外包装，内装由金属、塑料、玻璃、陶瓷制成的内包装。根据不同的要求，包装内还需装入衬垫和吸附材料，如图 3-12 所示。

衬垫材料
内包装
外包装
吸附材料

图 3-12　组合包装

（二）单一包装（Single Packaging）

单一包装指在运输过程中，不需要任何内包装来完成其盛放功能的包装。其一般由钢铁、铝、塑料或其他许可的材料制成，如图 3-13 所示。

复合包装（Composite Packaging）是指由一个外包装和一个内容器在结构上形成一个整体的包装，一旦组装好后，无论在充罐、存储、运输及卸空时始终是一个单一的整体，如图 3-14 所示。它实际上是内、外两层不同材料制成的一个不可分割的整体包装，所以它是单一包装的一种特殊形式，属于单一包装。

a）

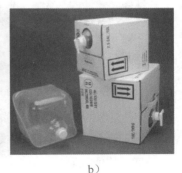
b）

图 3-13　单一包装　　　　　图 3-14　复合包装（单一包装）

五、包装种类

（一）联合国规格包装（UN Specification Packagings）

经过联合国包装性能测试，包括跌落测试、堆码测试以及内压测试，盛装液体的包装还需经过防渗漏实验，保证达到联合国安全标准的包装，外包装上有联合国试验合格标记，如图 3-15 所示。

a) b)

图 3-15 联合国规格包装

（二）有限数量包装（Limited Quantity Packagings）

危险品在适当有限的数量下运输时呈现出危险性减小的情况，可以使用经过相应测试的高质量包装但不是联合国规格的包装来运输，这类包装为有限数量包装（图 3-16）。其外表上没有 UN 标记，包装表面有 Y 字形的有限数量标记。有限数量包装的包装件毛重不允许超过 30kg。

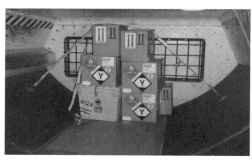

a) b)

图 3-16 有限数量包装

（三）例外数量包装（Excepted Quantity Packagings）

某些类型的危险品运输数量很少时，可以使用经过一定性能测试的坚固耐用的包装，即为例外数量包装（图 3-17）。包装表面有例外数量标签。

（四）其他包装

其他包装是为一些有特殊运输要求的危险货物特别设计、制造的包装。其他包装有某些气体必须装入特定的专门制造的钢瓶或其他金属高压容器;为空运固体化碳而设计和制造的包装;为运输危害环境物质而设计的中型散装容器等,如图3-18所示。

图 3-17 例外数量包装 图 3-18 中型散装容器

六、包装说明

为了确保危险品包装符合运输要求,危险品包装件必须严格按照 IATA《危险品规则》的包装说明来进行包装。托运人在对危险品进行包装时,必须确保包装满足下列要求:

(1)满足危险品运输包装的基本要求。

(2)符合任何特殊包装、特殊规定以及不同国家和承运人的不同要求。

(3)符合包装说明中对内包装材质和数量限制(如果包装是组合包装)。

(4)符合包装说明中对外包装(组合包装)或单一包装的材质、类型的要求。

(5)整体包装件符合品名表中在客货机或仅限货机中的每件最大允许净重的数量限制。

案例 货主通过客机运输 5L 乙缩醛(Acetal),应如何包装?

(1)查阅品名表得知:此物质应按包装说明 353 进行包装,客货机中的每个包装件最大允许净重量 5L。包装说明 353 如图 3-19 所示。

| 1088 | Acetal | | 3 | Flamm. liquid | II | E2 | Y341 | 1 L | 353 | 5 L | 364 | 60 L | | 3H |

a)

包装说明 353

国家差异:BEG-03

经营人差异:AM-03,CX-02,FX-17,IR-06,KA-02,KZ-07,LD-02,LY-04

本说明适用于客机运输的包装等级为 II 级无次要危险的易燃液体。

必须满足 5.0.2 的一般包装要求。

相容性要求

● 物质必须按 5.0.2.6 的要求与它们的包装相容;

封口要求

封口必须满足 5.0.2.7 的要求;

不允许单一包装。

组合包装		
内包装(见 6.1)	每个内包装的净量	每个包装件的总净量
玻璃	1.0 L	
金属	5.0 L	5.0 L
塑料	5.0 L	

外包装

类型	桶						方形桶			箱							
名称	钢	铝	胶合板	纤维	塑料	其他金属	钢	铝	塑料	钢	铝	木材	胶合板	合成木材	纤维板	塑料	其他金属
规格	1A1 1A2	1B1 1B2	1D	1G	1H1 1H2	1N1 1N2	3A1 3A2	3B1 3B2	3H1 3H2	4A	4B	4C1 4C2	4D	4F	4G	4H1 4H2	4N

b)

图 3-19 包装说明 353

图 3-20 包装示意图

（2）根据包装说明 353 可知：5L 乙缩醛只能使用组合包装，可选用塑料的内包装，使用一个内包装，放入一个纤维板箱子（4G）的外包装中，材质、类型和整体包装件数量均符合包装说明的要求。

（3）包装示意图如图 3-20 所示。

第三节
危险品的标记标签

托运人选择了合适的包装对危险物质或物品打包后，还需要粘贴合适的标记标签。标记标签是危险品航空运输中不可缺少的环节。正确的标记标签应便于鉴别和操作危险品。

一、危险品包装件的标记

危险品的包装标记分为两类：包装规格标记和包装使用标记（基本标记和附加标记）。其中，包装规格标记是包装制造商应用的，但最终仍然是托运人的责任。

（一）基本标记

除非另有规定，装有危险品的包装件及集合包装件（Overpack），必须在其外表面做清晰、耐久的基本标记。基本标记包括：

①内装物的运输专用名称（如需要，加上技术名称或化学名称）。

②联合国编号或识别编号（前面冠以"UN"或"ID"）。

③发货人及收货人的全名和地址（如果包装件尺寸允许，发货人及收货人的全名和地址必须与运输专用名称标记临近，且位于包装件的统一表面）。

（二）附加标记

对于下列危险品包装件，除基本标记之外，还需要加上这类包装件的特有附加标记。

（1）注明包装件中所含危险品的净数量。（当危险品表中 H 栏显示的最大净数量是毛重时，必须注明包装件的毛重并在计量单位后注明字母"G"，此量标注在基本标记所要求的 UN 编号和运输专用名称的旁边）。

这一要求不适用于下述情况：

①一票货物中仅有一个危险品包装件。

②一票货物中有多个相同的危险品包装件（例如每个包装件具有相同的 UN 编号、运输专用名称、包装等级及相同的量）。

③ ID8000，日用消费品和放射性物品（第 7 类）。

（2）UN1845 固体二氧化碳（干冰）：应注明每个包装件中所含干冰的净重，如图 3-21 所示。

a)　　　　　　　　　　b)

图 3-21　含有干冰的包装件

（3）6.2 项感染性物质，需标记负责人的姓名及电话号码，如图 3-22 所示。

（4）第 2.2 项深冷冻液化气体（包装说明 202），要求每一包装件的直立方向必须用箭头或"包装件方向"标签明显标示，也可以事先将方向标签印制在包装件上明显标示。标签必须粘贴或印制在包装件对应的至少两个垂直面上，以表明正确的包装件方向。环绕包装件每隔 120°或每个侧面都必须标出"KEEP UPRIGHT"（保持向上）。包装件上还须清楚地标上"DO NOT DROP，HANDLE WITH CARE"（切勿扔摔，小心轻放）标记和字样。包装件上还必须标注在延误、无人提取或出现紧急况时应遵循的处置说明，如图 3-23 所示。

图 3-22　感染性物质　　图 3-23　深冷冻液化气体包装标记

（5）内装 UN3373 的包装件要标出"生物物质，B 级"和包装说明 650 中所示的菱形标记，如图 3-24 所示。

图 3-24　UN3373 包装标记

注意:内装生物物质的包装件,不需在外包装上注明净重,但是当使用干冰作为制冷剂时,需注明干冰的净重。

(6)当根据特殊规定 A144 运输带有化学氧气发生器的呼吸保护装置(PBE)时,必须在包装件上的运输专用名称旁注明"飞行机组呼吸保护装置(防烟罩),符合 A144 特殊规定"的说明文字,如图 3-25 所示。

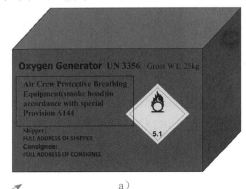

a)   b)

图 3-25   带有化学氧气发生器的呼吸保护装置

(7)当运输环境危害物质时,须在包装件上进行标注,如图 3-26 所示。

(8)按有限数量规定托运的危险品包装件必须标示有限数量标记,如图 3-27 所示。

图 3-26   环境危害物质包装标记   图 3-27   有限数量包装标记

贴有如图 3-28 所示的陆运、海运有限数量标记的包装件,如果危险品及其包装完全符合《危险品规则》且包装件又满足《危险品规则》所适用的标记标签的规定,可以进行空运。

图 3-28   陆运、海运有限数量标记

(9)例外数量包装的危险品(放射性物质除外),包装件上应标有如图 3-29 所示的标记。

(10)补救包装,包装必须确保已标示内装危险品的运输专用名称和 UN 编号,包装上需标明"SALVAGE"(补救)的字样,如图 3-30 所示。

(11)锂电池:符合包装说明 965 至 970 第 II 部分及包装说明 965 和 968 第 IB 部分的含有锂电池的包装件必须使用如图 3-31 所示的附加标记。

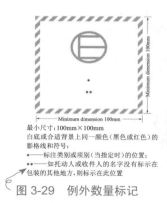

最小尺寸：100mm×100mm
白底或合适背景上同一颜色（黑色或红色）的
影格线和符号：
*——标注类别或项别（当指定时）的位置；
**——如托动人或收件人的名字没有标示在
包装的其他地方，则标示在此位置

图 3-29 例外数量标记

图 3-30 补救包装

*——UN 编号；
**——额外信息的电话号码

a）

b）

图 3-31 锂电池标记

二、UN规格包装标记示例

UN 规格的外包装上都有特殊的标记，带有该标记的包装意味着该包装容器已经过联合国规格包装要求的性能试验并合格。

联合国规格包装的材料和形状用不同代码表示。包装代码分为两个系列：一个适用于 UN 规格外包装（包括单一包装或组合包装的外包装及复合包装），一个适用于内包装。

（一）适用于内包装的代码（表 3-1）

内 包 装 表 表 3-1

名　　称	规 格 代 码
内包装（INNER PACKAGINGS）	
玻璃	
塑料	
金属罐、筒或管	
纸袋	
塑料袋	
纤维板盒或箱	
金属容器（气溶胶），一次性使用	IP7

续上表

名　称	规格代码
金属容器(气溶胶),一次性使用	IP7A
金属容器(气溶胶),一次性使用	IP7B
塑料气溶胶	IP7C
金属或塑料软管	

其中,IP 代表内容器(Inner Packaging),IP7 和 IP7A、IP7B、IP7C 分别指不同性能要求的气溶胶喷雾器。

（二）适用于 UN 规格外包装和复合包装的代码（表 3-2）

UN 规格外包装和复合包装代码　　　　　　　　　　表 3-2

名　称	规格代码
外包装和单一包装(OUTER AND SINGLE PACKINGS)	
钢桶(STEEL DRUMS)	
盖子不可取下	1A1
盖子可取下	1A2
铝桶(ALUMINIUM DRUMS)	
盖子不可取下	1B1
盖子可取下	1B2
胶合板桶(PLYWOOD DRUMS)	1D
纤维板桶(FIBRE DRUMS)	1G
钢制方形桶(STEEL JERRICANS)	
盖子不可取下	3A1
盖子可取下	3A2
铝制方形桶(ALUMINIUM JERRICANS)	
盖子不可取下	3B1
盖子可取下	3B2
塑料桶及方形桶(PLASTIC DRUMS AND JERRICANS)	
桶,盖子不可取下	1H1
桶,盖子可取下	1H2
方形桶,盖子不可取下	3H1
方形桶,盖子可取下	3H2
金属桶(除钢桶或铝桶之外)(METAL DRUMS)	
盖子不可取下	1N1
盖子可取下	1N2
钢箱或铝箱或其他金属箱(STEEL, ALUMINIUM OR OTHER METAL BOXES)	
钢箱	4A
铝箱	4B
其他金属	4N

续上表

名　　称	规 格 代 码
天然木箱（ BOXES OF NATURAL WOOD ）	
普通型	4C1
接缝严密型	4C2
胶合板箱（ PLYWOOD BOXES ）	4D
再生木材箱（ RECONSTITUTED WOOD BOXES ）	4F
纤维板箱（ FIBREBOARD BOXES ）	4G
塑料箱（ PLASTIC BOXES ）	
泡沫塑料箱	4H1
硬质塑料箱	4H2
编织袋（ TEXTI LE BAGS ）	
防漏型	5L2
防水型	5L3
塑料编织袋（ WOVEN PLASTIC BAGS ）	
无里衬或涂层	5H1
防漏型	5H2
防水型	5H3
塑料薄膜袋（ PLASTIC FILM BAGS ）	5H4
复合包装（ 塑料材质 ）[COMPOSITE PACKAGINGS（ plastic material ）]	
钢壳塑料桶	6HA1
钢壳塑料箱	6HA2
铝壳塑料桶	6HB1
铝壳塑料箱	6HB2
木壳塑料箱	6HC
胶合板壳塑料桶	6HD1
胶合板壳塑料箱	6HD2
纤维壳塑料箱	6HG1
纤维板壳塑料箱	6HG2
塑料外壳塑料桶	6HH1
硬质塑料壳塑料箱	6HH2
纸袋（ PAPER BAGS ）	
多层型	5M1
多层防水型	5M2

适用于 UN 规格外包装和复合包装的代码由阿拉伯数字和字母两部分组成,阿拉伯数字表示包装的形状或包装更细的分类,字母表示包装材料的种类。

（1）第一个数字代表的是包装类型,具有如下含义:

1——（圆）桶（Drum）;

2——预留（Reserved）;

3——方形桶（Jerrican）；

4——箱（Box）；

5——袋（Bag）；

6——复合包装（Composite Packaging）。

（2）字母代表包装材料，具有如下含义：

A——钢（Steel）；

B——铝（Aluminium）；

C——天然木（Natural Wood）；

D——胶合板（Plywood）；

F——再生木（再制木）（Reconstituted Wood）；

G——纤维板（Fibreboard）；

H——塑料材料（Plastic Material）；

L——纺织品（Textile）；

M——多层纸（Paper Multi-wall）；

N——金属（钢和铝除外）（Metal）；

P——玻璃、瓷器或粗陶瓷（Glass，Porcelain or Stoneware）。

下面举例说明 UN 规格的外包装代码。

（1）1G 代码代表的包装如图 3-32 所示。

（2）1A1、1A2 代码代表的包装。

有时会有 1A1、1A2 这种包装代码，第 3 位数字表示同类型包装有更细致的分类（不同特征），如图 3-33 所示。

（3）6HA1 代码代表的包装。

6HA1 的包装代码是用于 UN 规格的复合包装，其中第 2 个字母代表内衬材料，第 3 个字母代表外表面的材料，如图 3-34 所示。

图 3-32　1G 包装代码

图 3-33　1A1、1A2 包装代码

图 3-34　复合包装代码

（4）包装限定代码（图 3-35）。

一些包装材料，在包装代码后面，还有一个附加字母，比如 4GV 中的 V，也有附加字母 U、W、T 的情况，这些字母代表不同的含义：

①字母"V"在包装代码后面，表明本包装为符合《危险品规则》要求的豁免内包装实验

的特殊包装。

②字母"U"在包装代码后面,表明本包装为符合《危险品规则》要求的感染性物质的特殊包装。

③字母"W"在包装代码后面,表示该包装类型生产规格与UN规格不同,但经过测试包装质量视为等效。

④如果字母"T"在包装代码后面,表明本包装为符合要求的"补救包装"。

下面示例详细介绍几种UN标记的含义。

(1)承装固体的包装标记示例(图3-36)。

图中 ⓊN 1G/Y30/S/13CN/321107 的具体含义如下:

ⓊN——联合国规格包装标记代号;

1G——纤维板圆桶;

Y——Ⅱ级包装(可用于要求Ⅱ级、Ⅲ级包装的物品或物质);

a)   b)

图3-35 包装限定代码示例

图3-36 盛装固体的UN包装标记示例

TIPS:字母X、Y、Z符号的含义

X	Ⅰ级包装,可以盛放包装等级为Ⅰ、Ⅱ、Ⅲ的危险物品
Y	Ⅱ级包装,可以盛放包装等级为Ⅱ、Ⅲ的危险物品
Z	Ⅲ级包装,可以盛放包装等级为Ⅲ的危险物品

30——此包装可以承受的最大毛重为30kg;

S——此包装可以盛装固体或内包装;

13——此包装生产年份为2013年;

CN——生产此包装的国家代号,CN代表中国(国家名称由国际车辆注册码VRI来表示);

321107——生产厂商的识别代号。

(2)承装液体的包装标记示例(图3-37)。

图中 ⓊN 1A1/Y1.5/300/2005GB/3303 的具体含义如下:

1A1——小口铁桶;

Y——可装Ⅱ、Ⅲ级的危险品;

1.5——内装液体与水的相对密度不能超过 1.5（如果此处省略则代表盛装液体与水的相对密度不超过 1.2）；

300——此包装能承受的最大压强为 300kPa；

2005——此包装于 2005 年生产；

GB——生产此包装的国家代号；

3303——生产厂商的识别代号。

（3）感染性物质包装件的 UN 标记示例（图 3-38）。

图中  4BU/Class 6.2/06/DBAM 6016-ZARGES 的具体含义如下：

4BU——盛放感染性物质的铝箱；

Class 6.2——盛装 6.2 项感染性物质危险品；

06——此包装于 2006 年生产；

DBAM 6016-ZARGES——生产厂商的识别代号。

a)   b)

图 3-37　盛装液体的 UN 包装标记示例

图 3-38　盛装感染性物质的 UN 包装标记示例

（4）除了上述几种常见的 UN 规格包装的标记之外，运输中还会见到修复包装、补救包装，参见表 3-3、表 3-4 示例。

UN 规格标记示例——修复包装　　　　　　　　　　表 3-3

例子	UN 符号	原包装代码	国家	名称	年份	完整代码
1		1A1/Y1.4/150/06/NL/VL824	NL	RB	15RL	1A1/Y1.4/150/06/NL/RB/15RL
2		1A2/Y150/S/06/USA/ABCPACK	USA	RB	15R	1A2/Y150/S/06/USA/RB/15R

UN 规格标记示例——补救包装　　　　　　　　　　表 3-4

UN 符号	类型代码	包装等级	总重(kg)	固体或内包装	生产年份	国家	生产厂家	完整代码
	1A2T	Y	300	S	16	USA	abc	1A2T/Y300/S/16/USA/abc

三、标记的规格与质量要求

（1）标注在包装件和集合包装件（Overpack）上的所有标记不得被包装的任何部分及

附属物或任何其他标签和标记所遮盖。所需标记不得与其他可能影响这些标记效果的包装标记标注在一起。

（2）所有标记必须经久耐用，用印刷或其他方式打印或粘贴在包装件或集合包装件（Overpack）的外表面。标记必须清晰可见，其牢固性和清晰度即使暴露在露天环境中也不会大大降低。标记应显示在色彩反差大的背景上。

（3）标记上的文字必须使用英文，如始发国需要，亦可同时使用其他语言。

四、单个包装件标记示例

一个包装件里装有 UN1993 的易燃液体，其标记如图 3-39 所示。

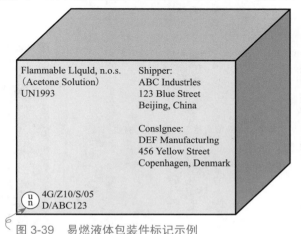

图 3-39　易燃液体包装件标记示例

五、危险品包装件的标签

危险品的包装件外表面还需粘贴相应的标签，标签分为两类：一类是危险性标签（菱形），每一类别或项别的危险品一般都对应一个危险性标签。另一类是操作标签（矩形），某些危险品，如磁性物品需要粘贴此标签；也有的危险品，如液体包装件需要向上放置，或某些危险品包装件只能放置在货机上，也需要粘贴操作标签。包装件标签示例如图 3-40 所示。

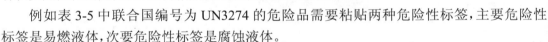

图 3-40　包装件标签示例

（一）危险性标签

危险物品和物质应使用的危险性标签都在危险品品名表的 D 栏中列出。表中要求每一种物品和物质都要使用一种指定的主要危险性标签。具有次要危险性的危险品，还需粘贴相应的次要危险性标签。

例如表 3-5 中联合国编号为 UN3274 的危险品需要粘贴两种危险性标签，主要危险性标签是易燃液体，次要危险性标签是腐蚀液体。

UN3274 品名表   表 3-5

UN/ID on.	Proper Shipping Name/Description	Class or Div. (sub Hazard)	Hazard Label (S)	PG	EQ see 2.6	Passenger and Cargo Aircraft				Cargo Aircraft Only		S.P. see 4.4	ERG Code
						Ltd Qty		Pkg Inst	Max Net Qty / Pkg	Pkg Inst	Max Net Qty / Pkg		
						Pkg Inst	Max Net Qty / Pkg						
A	B	C	D	E	F	G	H	I	J	K	L	M	N
3274	Alcoholates solution, n.o.s. ★ in alcohol	3(8)	Flamm liquid & Corrosive	II	E2	Y340	0.5L	352	1L	363	5L		3C

下面列举各类项危险品的危险性标签，见表 3-6。

危险性标签列表   表 3-6

危险品类别或项别	危险性标签	包装件示例
第 1 类 爆炸品 （1.1、1.2、1.3）	其中，** 处填写相应的配装组，例如： 1.1A 1.2B 1.3G	1.1 ~ 1.3 项的爆炸性物质大部分禁止运输
第 1 类 爆炸品 （1.4、1.5、1.6）	其中，** 处填写相应的配装组，例如： 1.4 S 1 1.5 D 1 1.6 N 1	
第 2 类 气体 2.1 易燃气体		

续上表

危险品类别或项别	危险性标签	包装件示例
第 2 类 气体 2.2 非易燃无毒气体		
第 2 类 气体 2.3 有毒气体		有毒气体基本是禁止运输的,除非有批准或豁免
第 3 类 易燃液体		
第 4 类 4.1 易燃固体		
第 4 类 4.2 自燃物质		

危险品类别或项别	危险性标签	包装件示例
第 4 类 4.3 遇水放出易燃气体的物质		
第 5 类 5.1 氧化性物质		
第 6 类 6.1 毒性物质		
第 6 类 6.2 感染性物质		

续上表

危险品类别或项别	危险性标签	包装件示例
第 7 类 放射性物质		
第 7 类 放射性物质 临界裂变指数标签		
第 8 类 腐蚀性物质		
第 9 类 杂项危险品		
第 9 类 杂项危险品 锂电池专用危险性标签		

（二）操作标签

需要粘贴操作标签的危险品见表 3-7。

危险品操作标签表　　　　　　　　　　　　　表 3-7

危险物质或物品	操 作 标 签	包装件示例图
"磁性物质"标签必须用在装有磁性物质的包装件及集合包装件（Overpack）上		
"Cargo Aircraft Only"（仅限货机）标签必须用在仅限货机运输的危险品包装件上。当包装说明及包装件的限量指明客、货机均可承运时，不应使用此标签		
含有深冷液化气体的包装件和集合包装件（Overpack）上除粘贴"2.2 非易燃无毒气体"危险性标签外，还必须同时使用"Cryogenic Liquid"（低温液体）操作标签		
含有液体的包装件和集合包装件（Overpack）上必须使用"Package Orientation"（包装件方向）标签明显标示，也可以事先将方向标签印制在包装件上明显标示。标签必须粘贴或印制在包装件对应的至少两个垂直面上，以表明正确的包装件方向。特殊情况除外		

续上表

危险物质或物品	操作标签	包装件示例图
盛装 4.1 项中的自反应物质和 5.2 项有机过氧化物的包装件和集合包装件（Overpack），在使用适应的危险性标签的同时，必须使用 "Keep Away From Heat"（远离热源）操作标签	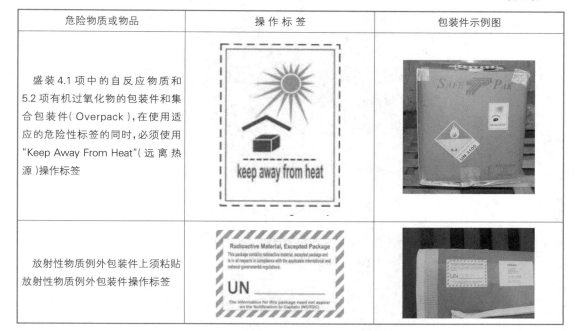	
放射性物质例外包装件上须粘贴放射性物质例外包装件操作标签		

六、标签的规格与质量要求

（1）含有危险品包装件上所有的标签（包括危险性标签及操作标签），其外形、颜色、格式、符号及设计规格必须符合《危险品规则》的要求。标签的材料、印刷及黏结剂必须充分耐久，在经过正常运输条件的考验后（包括暴露在环境中），其牢固性和清晰度不会大大降低。

（2）危险性标签分为上下两部分，标签的上半部分用于标示图形符号，下半部用于标示适用的类、项及配装组，如第 1 类爆炸品要注明配装组字母，还可以有文字说明危险性质，文字应使用英文，除非始发国要求使用其他文字，在这种情况下应该标有英语译文。但除了第 7 类放射性物质，文字说明除非由于国家或运营人差异而要求必须使用文字，其他情况可不显示。

（3）如果包装件的尺寸足够，标签应粘贴在标记相应运输专用名称的同一侧面，并靠近运输专用名称的位置。标签应接近包装上显示的托运人、收货人的地址处粘贴。

（4）危险性标签只要求粘贴在包装件的一侧，放射性物质的危险性标签必须粘贴在包装件的两个对应侧面上。

（5）如果需要粘贴标明主要危险性和次要危险性的标签，次要危险性标签应紧接着主要危险性标签粘贴在包装的同一侧面。

（6）若同一包装件中有不同条目的危险品需要粘贴多个危险性标签，则这些标签必须彼此相邻。

（7）除包装件的尺寸不足外，标签必须以 45°（菱形）的角度粘贴。

标记标签粘贴不符合规范的包装件示意如图 3-41 所示。

a)   b)

图 3-41　标记标签粘贴不符合规范的包装件示意

七、标签示例

一个包装件装有 50L 的 UN2333，其标记标签如图 3-42 所示。

图 3-42　危险品标记标签示意

第四节
危险品的运输文件

危险品按照规定的要求打包并粘贴标记标签后，在交给航空公司时，还需提供正确填写并签字的危险品航空运输文件。这些文件主要包括托运人危险品申报单（Shipper's Declaration for Dangerous Goods，简称 DGD）和航空货运单（Air Waybill，简称 AWB），有些情况下还需提供批准书和（或）豁免书或者按照不同国家要求提供鉴定报告等。

一、危险品申报单

填制托运人危险品申报单是托运人的责任，对于每票危险品，托运人必须如实、准确地填写申报单，并且要有按规定要求培训合格的人员签字才可以交给经营人。

申报单必须用英文填写（在英文的后面可以附带一份另一种文字的准确译文），申报单有手工填制和机器填制两种。这两种申报单功能一样，只是在"Nature and Quantity of Dangerous Goods"（危险品的种类和数量）这一部分有所不同，申报单样例如图 3-43、图 3-44 所示。

SHIPPER'S DECLARATION FOR DANGEROUS GOODS	IATA
Shipper	Air Waybill No. Page of Pages Shipper's Reference No. (optional)
Consignee	
Two completed and signed copies of this Declaration must be handed to the operator.	**WARNING**
TRANSPORT DETAILS	**Failure to comply in all respects with the applicable Dangerous Goods Regulations may be in breach of the applicable law, subject to legal penalties.**

TRANSPORT DETAILS

This shipment is within the limitations prescribed for:
(delete non-applicable)

PASSENGER AND CARGO AIRCRAFT	CARGO AIRCRAFT ONLY

Airport of Departure (optional):

Airport of Destination (optional):

Shipment type: *(delete non-applicable)*

NON-RADIOACTIVE	RADIOACTIVE

NATURE AND QUANTITY OF DANGEROUS GOODS
UN Number or Identification Number, Proper Shipping Name, Class or Division (subsidiary hazard), Packing Group (if required) and all other required information.

Additional Handling Information

I hereby declare that the contents of this consignment are fully and accurately described above by the proper shipping name, and are classified, packaged marked and labelled/placarded, and are in all respects in proper condition for transport according to applicable international and national governmental regulations. I declare that all of the applicable air transport requirements have been met.

Name of Signatory

Date

Signature
(See warning above)

图 3-43 用于计算机填写的托运人申报单样例

SHIPPER'S DECLARATION FOR DANGEROUS GOODS

Shipper	Air Waybill No.
	Page of Pages
	Shipper's Reference No. (optional)
Consignee	
Two completed and signed copies of this Declaration must be handed to the operator.	**WARNING**

TRANSPORT DETAILS

This shipment is within the limitations prescribed for: (delete non-applicable)	Airport of Departure (optional):
PASSENGER AND CARGO AIRCRAFT / CARGO AIRCRAFT ONLY	

WARNING

Failure to comply in all respects with the applicable Dangerous Goods Regulations may be in breach of the applicable law, subject to legal penalties.

Airport of Destination (optional):

Shipment type: *(delete non-applicable)*

NON-RADIOACTIVE   RADIOACTIVE

NATURE AND QUANTITY OF DANGEROUS GOODS

Dangerous Goods Identification						
UN or ID No.	Proper Shipping Name	Class or Division (subsidiary hazard)	Packing Group	Quantity and Type of Packing	Packing Inst.	Authorization

Additional Handling Information

I hereby declare that the contents of this consignment are fully and accurately described above by the proper shipping name, and are classified, packaged marked and labelled/placarded, and are in all respects in proper condition for transport according to applicable international and national governmental regulations. I declare that all of the applicable air transport requirements have been met.

Name of Signatory

Date

Signature
(See warning above)

图 3-44　用于手工填写的托运人申报单样例

下面以手工填写的申报单为例,介绍每一栏的填写说明:

1. 托运人栏(Shipper)

填写托运人完整名称和地址。

2. 收货人栏(Consignee)

填写收货人完整名称和地址。

3. 货运单号码栏(Air Waybill No.)

填写所对应的货运单号码,可由托运人、代理人、操作代理人或经营人填写。

4. 页数栏(Page …of… Pages)

填写页码和总页数。如只有一页,则填写:Page 1 of1 Pages。

5. 机型限制(Aircraft Limitation)

本栏有两项选择:PASSENGER AND CARGO AIRCRAFT(客货机均可)和 CARGO AIRCRAFT ONLY(仅限货机),根据货物的具体情况,删除不适合的机型运输方式。例如:如果申报单中的危险品既可以在客机也可以在货机上运输,则删除仅限货机选项;如果申报单中的危险品只能在货机上运输,则删除客机和货机都可运输的选项,此类危险品都贴有仅限货机标签;如果申报单中既有在客货机中都能运输的危险品,也有仅限货机运输的危险品,则只能删除客机和货机都可运输的选项。

6. 始发地机场名称(Airport of Departure)

填写始发地机场或城市的全名,可由托运人、代理人、操作代理人或经营人填写。

7. 目的地机场名称(Airport of Destination)

填写目的地机场或城市的全名,可由托运人、代理人、操作代理人或经营人填写。

8. 运输类型(Shipment Type)

删除不适合的选项。如果申报单中无放射性危险品,则删除 RADIOACTIVE 放射性选项;如果申报单中有放射性危险品,则删除 NON-RADIOACTIVE 非放射性选项。

9. 危险品的数量和性质栏(Nature and Quantity of Dangerous Goods)

▶　第一步,识别:

(1)UN or ID No. 填写联合国编号或识别编号,冠以 UN 或 ID 的前缀。

(2)Proper Shipping Name 填写运输专用名称。

(3)Class or Division(Subsidiary Hazard)填写危险品的主要危险性,如果是第 1 类爆炸品,还应注明配装组字母;如有次要危险性,则在主性能后用括号把次要危险性表示出来。在主次危险性前可以冠以"Class"或"Division"字样。

(4)Packing Group 填写适用的包装等级,前面可以冠以"PG"代号。

以上内容填写示例:

● UN2401,Piperidine,8(3),Ⅰ;

● UN2401，Piperidine，Class8（Class3），PGⅠ。

▶ 第二步,危险品的数量和包装:

（5）包装件的数量和包装类型（Quantity and Type of Packing）:必须标明每个包装件中各种危险品的净数量（体积或重量）和包装类型，如1 Fibreboard Box×5L, 3 Steel Drums×1L。对于品名表H栏、J栏、L栏中有字母"G"的,必须标明每一包装件的毛重,而非净数量,如1 Wooden Box×10G。两种或以上危险品装入同一外包装或者使用集合包装件（Overpack）时,本栏填写方式不同,这里不多详述。

▶ 第三步,包装说明栏:

（6）包装说明栏（Packing Instructions）:填写危险品的包装说明代号,如果是限量包装,"Y"为前缀。

▶ 第四步,批准栏:

（7）批准栏（Authorizations）:视情况填写。以下情况需要填写:

● 如果危险品在《危险品品名表》的M栏（Special Provision）中有A1、A2、A4、A5、A51、A81、A88、A99、A130、A190、A191、A201、A202、A211、A212或A331时,应将特殊规定序号列入批准栏。

● 如果物质是经政府当局按A1或A2条款批准运输时,在申报单上应声明该批准或豁免证书随附于申报单。

● 当危险品在移动式储罐中运输时,必须随附一份主管当局批准的文件。

● 如果危险品装在主管当局批准的另外包装中,必须附带一份主管当局批准的文件。

● 当运输的爆炸品符合包装说明101并获得了有关国家主管当局的批准时,应在申报单上用国际交通机动车辆国家识别符号注明所列的批准当局的名称。

● 按要求批准运输的有机过氧化物和自反应物质应在申报单中注明,批准文件应附在申报单上。

● 许可、批准和/或豁免文件必须随附申报单一起运输,如使用的是英文以外的其他语言,必须附上一份准确的英文译本。

10. 附加操作说明栏（Additional Handling Information）

在以下情况下需要填写:

（1）运输4.1项中的自身反应物质和5.2项的有机过氧化物,托运人必须指明这些物质的包装件应避免阳光直射远离一切热源,并防止在通风良好的地方（Packages containing such substances must be protected from direct sunlight and all sources of heat and be placed in adequately ventilated areas）。

（2）运输4.1项中的自身反应物质和5.2项的有机过氧化物的样品时,应在附加操作信息栏做相应声明。

（3）根据《危险品品名表》中M栏（Special Provision）中的A144来运输保护呼吸装置中的化学氧气发生器时,必须在本栏注明:机组人员呼吸保护装置（防烟罩）,符合特殊规定A144（Air crew protective breathing equipment（smoke hood）in accordance with special provision A144）。

（4）A类感染性物质（UN2814和UN2900）和根据有关国家法律或国际公约的规定禁

止公布在"n.o.s ★"运输专用名称后面的技术名称的物质时,必须在本栏填写负责人的姓名和联系电话。

(5)当运输 UN0336 和 UN0337 的烟火时,申报单必须包括国家主管当局给出的分类编码。

(6)易燃黏稠物质根据 IATA《危险品规则》3.3.3.1.1 的条款被划分为包装等级Ⅲ级时,必须在此栏声明。

(7)例如:"UN×××× 3.3.3.1.1"(×××× 是易燃黏稠物质的 UN 编号).

11. 认证声明(Certification Statement)

申报单中必须含有证明或声明,保证货物按照本规则及其他空运规定进行准备,而且符合收运条件。例如:我在此声明,以上填写的本批货物的运输专用名称完误,其分类、包装、标记及标签/标牌已经完成,且各方面均符合相关的国际和国家政府规定,可予交运。空运时还需要做以下补充声明:我声明,符合所有适用的空运要求。

12. 签字人的姓名和职务(Name and Title of Signatory)

填写签字人的姓名和职务,姓名既可打印,也可盖章。职务可以选填,亦可空白。

13. 日期(Date)

填写完成申报单的日期。

14. 签名(Signature)

按要求接受培训并合格的托运人或托运人委托的代理人签字,但不得使用打印签字。

图 3-45、图 3-46 是两份填妥的申报单示例。

托运的每票危险品都必须填写危险品申报单,但下列物质除外:

(1)UN3164,液压物品[见包装说明 208(a)]。

(2)UN3164,气压物品[见包装说明 208(a)]。

(3)UN3373,B 级生物物质(见包装说明 650)。

(4)UN1845,固体二氧化碳(干冰),干冰用作非危险品的制冷剂[见包装说明 954(c)]。

(5)例外数量的危险品。

(6)UN3245,转基因生物,转基因微生物(见包装说明 959)。

(7)符合包装说明 965-970 第Ⅱ部分的锂离子或锂金属电池芯或电池。

(8)UN2807,磁性物质(见包装说明 953)。

(9)放射性物品,例外包装件(RRE)。

二、危险品运单

当运输的货物是危险品时,在航空货运单上需要针对危险品填写相关内容。填写货运单的详细说明可查阅 IATA《航空货物运价手册》(The Air Cargo Tariff,简称 TACT)。

(一)货运单上"操作说明栏"的填写

需要填写危险品申报单的危险品,在其货运中必须在"Handling Information"(操作信息）栏内包括以下声明：

（1）"Dangerous goods as per attached Shipper's Declaration"或"Dangerous Goods as per attached DGD"（危险品如所附托运人申报单），如图 3-47 所示。

SHIPPER'S DECLARATION FOR DANGEROUS GOODS IATA

Shipper ABC Company 1000 High Street Youngville, Ontario Canada	Air Waybill No. 800 1234 5686
	Page 1 of 1 Pages
	Shipper's Reference No. (optional)

| Consignee
CBA Lte
50 Rue de la Paix
Paris 75 006
France | |

Two completed and signed copies of this Declaration must be handed to the operator.

WARNING

Failure to comply in all respects with the applicable Dangerous Goods Regulations may be in breach of the applicable law, subject to legal penalties.

TRANSPORT DETAILS

This shipment is within the limitations prescribed for:
(delete non-applicable)

~~PASSENGER AND CARGO AIRCRAFT~~ | CARGO AIRCRAFT ONLY

Airport of Departure (optional): Youngville

Airport of Destination (optional): Paris, Charles de Gaulle

Shipment type: *(delete non-applicable)*

NON-RADIOACTIVE | ~~RADIOACTIVE~~

NATURE AND QUANTITY OF DANGEROUS GOODS

UN Number or Identification Number, Proper Shipping Name, Class or Division (subsidiary hazard), Packing Group (if required) and all other required information.

UN1816, Propyltrichlorosilane, 8 (3), II // 3 Plastic drums x 30L//876

UN3226, Self-reactive solid type D (Benzenesulphonyl hydrazide), Div. 4.1
1 Fibreboard box x 10 kg
459

UN1263, Paint, Class 3, II
2 Fibreboard boxes x 4L
3 Plastic drums x 60L
364

UN1263, Paints, 3, PGIII
1 Composite packaging (6HA1) x 30L
366

UN3166, Vehicle, flammable liquid powered, 9 // 1 automobile 1350kg // 950

UN3316, Chemical kits, 9, II // 1 Fibreboard box x 3kg// 960

Additional Handling Information
The packages containing UN3226 must be protected from direct sunlight and all sources of heat and be placed in adequately ventilated areas.
24-hour Number: +1 905 123 4567

I hereby declare that the contents of this consignment are fully and accurately described above by the proper shipping name, and are classified, packaged marked and labelled/placarded, and are in all respects in proper condition for transport according to applicable international and national governmental regulations. I declare that all of the applicable air transport requirements have been met.

Name of Signatory
B.Smith

Date
2019-01-01

Signature
(See warning above)

B.Smith

图 3-45　手工填写的申报单样例

SHIPPER'S DECLARATION FOR DANGEROUS GOODS

IATA

Shipper ABC Company 1000 High Street Youngville, Ontario Canada	Air Waybill No. **800 1234 5686** Page 1 of 1 Pages Shipper's Reference No. (optional)

Consignee
CBA Lte
50 Rue de la Paix
Paris 75 006
France

Two completed and signed copies of this Declaration must be handed to the operator.

WARNING

Failure to comply in all respects with the applicable Dangerous Goods Regulations may be in breach of the applicable law, subject to legal penalties.

TRANSPORT DETAILS

This shipment is within the limitations prescribed for: (delete non-applicable) ~~PASSENGER AND CARGO AIRCRAFT~~	CARGO AIRCRAFT ONLY	Airport of Departure (optional): Youngville

Airport of Destination (optional): *Paris, Charles de Gaulle*

Shipment type: *(delete non-applicable)*

NON-RADIOACTIVE	~~RADIOACTIVE~~

NATURE AND QUANTITY OF DANGEROUS GOODS

Dangerous Goods Identification						
UN or ID No.	Proper Shipping Name	Class or Division (subsidiary hazard)	Packing Group	Quantity and Type of Packing	Packing Inst.	Authorization
UN 1816	Propyltrichlorosilane	8 (3)	II	3 Plastic Drums x 30 L	876	
UN 3226	Self-reactive solid type D (Benzenesulphonyl hydrazide)	Div. 4.1		1 Fibreboard box x 10 kg	459	
UN 1263	Paint	3	II	2 Fibreboard boxes x 4 L	353	
UN 1263	Paints	3	III	1 Fibreboard box x 30 L	366	
UN 3166	Vehicle, flammable liquid powered	9		1 automobile 1350 kg	950	
UN 3316	Chemical kits	9	II	1 Fibreboard box x 3 kg	960	
UN 2794	Batteries, wet, filled with acid	8		1 Wooden box 50 kg	870	

Additional Handling Information

The packages containing UN3226 must be protected from direct sunlight and all sources of heat and be placed in adequately ventilated areas.
24-hour Number: +1 905 123 4567

I hereby declare that the contents of this consignment are fully and accurately described above by the proper shipping name, and are classified, packaged marked and labelled/placarded, and are in all respects in proper condition for transport according to applicable international and national governmental regulations. I declare that all of the applicable air transport requirements have been met.	Name of Signatory B. Smith Date 1 January 2019 Signature *(See warning above)* *B. Smith*

图 3-46 计算机填写的申报单样例

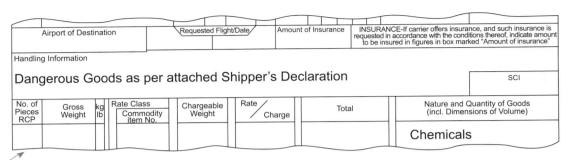

图 3-47　需要托运人申报单的客机运输的危险品的货运单

（2）如果此包装件是仅限货机的包装件，还需注明"Cargo Aircraft Only"（仅限货机）或"CAO"，如图 3-48 所示。

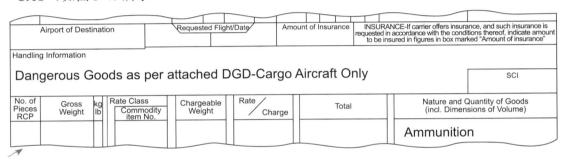

图 3-48　仅限货机运输的货运单

（二）混装货物

同时含有危险品和非危险品的货运单必须在"操作信息"一栏中注明危险品的件数，写在"Dangerous Goods as per attached Shippers Declaration"或"Dagerous Goods as per attached DGD"（危险品如所附托运人申报单）字样的前面或后面，如图 3-49 所示。

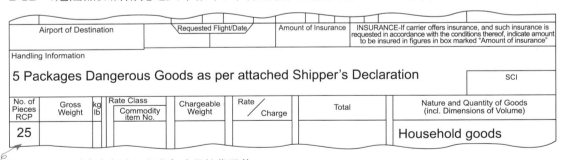

图 3-49　同时含有危险品和非危险品的货运单

（三）不需要托运人申报单

如果危险品不需要托运人申报单，无须在"操作说明栏"内注明，但在货运单"Nature and Quantity of Good"（货物性质和数量）栏必须填写以下信息，如图 3-50 所示。

（1）UN 或 ID 编号（磁性物质不需要）。

（2）运输专用名称。

（3）包装件数量（若托运货物内只有一个包装件则除外）。

（4）每个包装件净数量（UN1845 必须填写）。

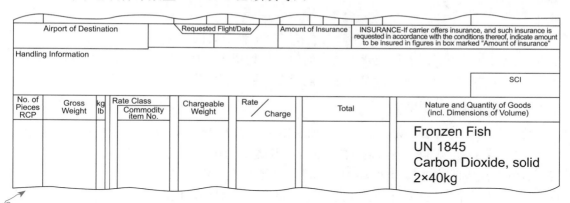

图 3-50　不需要托运人申报单的危险品的货运单

（四）用作危险品的制冷剂的干冰

当固体二氧化碳（干冰）被用作需填写申报单的危险品的制冷剂时，二氧化碳（干冰）的详情也必须填写在托运人申报单上。

（五）例外数量

例外数量的危险品不需要申报单，也无须在"操作说明"栏内注明，但在运单上应标注" Dangerous Goods in Excepted Quantities"（例外数量的危险品）以及"the number of packages"（包装的件数，托运货物内只有一个包装件除外），如图 3-51 所示。

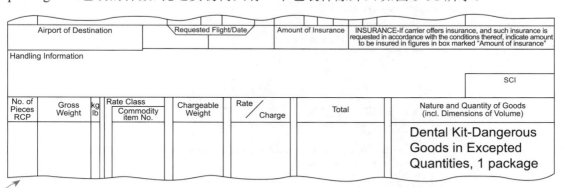

图 3-51　含有例外数量危险品的货运单

（六）非危险品

如果某种物品或物质被怀疑可能具有危险性，但并不符合危险品各类或项别的划分标准，则该物品或物质应作为非限制性物品运输，但必须在货运单的品名栏中注有"Not Restricted（非限制）"，以表明已做过检查。当某件货物根据特殊规定不受本规则限制时，必须在货运单的品名栏中填写"Not Restricted，as per Special Provision A××"（非限制，依据特殊规定 A××）的字样来注明已用的特殊规定。

三、其他文件

在运输危险品的过程中，当经营人或者国家主管当局认为必要时，需要托运人提供化学品安全数据说明书或者被经营人认可的鉴定机构所出具的符合航空运输条件的鉴定报告，出境的危险货物还需要危险品包装性能检测结果单和危险品包装使用鉴定结果单。

（一）化学品安全说明书

化学品安全说明书（Material Safety Data Sheet），简称 MSDS，国际上称作化学品安全信息卡，是化学品生产商和经销商按法律要求必须提供的化学品理化特性（如 PH 酸碱度、闪点、易燃度、反应活性等）、毒性、环境危害以及对使用者健康（如致癌、致畸等）可能产生危害的一份综合性文件。它是包括危险化学品的燃爆性能、毒性和环境危害以及安全使用、泄漏应急救护处置、主要理化参数、法律法规等方面信息的综合性文件，MSDS 示例如图 3-52 所示。

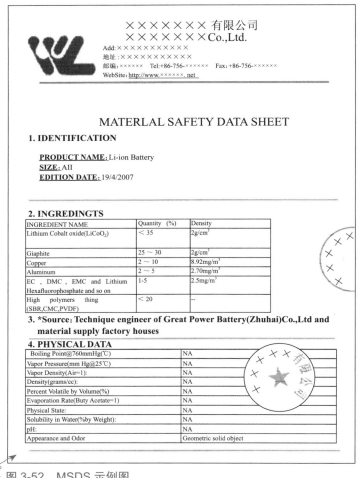

图 3-52　MSDS 示例图

（二）航空运输条件鉴定报告

为了运输的安全,有些航空公司要求对货物的运输适宜性做出评价和建议。航空运输条件鉴定一般只能由被航空公司认可的有资质的专业鉴定公司出具,主要内容一般包括货物名称及其企业标志、主要理化特性、被运输物的危险特性、鉴定所依据的法律法规、紧急处置方法等。目的是为运输单位提供与运输安全性直接相关的信息,样例如图 3-53 所示。

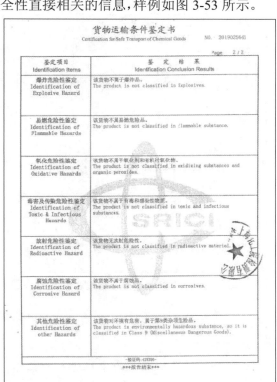

图 3-53　航空运输条件鉴定报告书

（三）危险品包装性能检测结果单

当危险品货物需要运输至境外时,托运人应对其使用的包装容器提供检验检疫机构签发的"危险品包装性能检验结果单"。目前检验检疫机构实施性能和使用鉴定的出境货物运输包装容器包括:钢桶、铝桶、镀锌桶、钢塑复合桶、纸板桶、塑料桶(罐)、纸箱、集装袋、塑料编织袋、麻袋、纸塑复合袋、钙塑瓦楞箱、木箱、胶合板箱(桶)、纤维板箱(桶)等,示例如图 3-54 所示。

（四）危险品包装使用鉴定结果单

"出境危险货物运输包装使用鉴定结果单"简称"危包证",如图 3-55 所示。即使性能检验良好的运输包装容器,如果使用不当,也达不到保障运输安全及保护商品的目的。危险货物运输包装容器经检验检疫机构鉴定合格并取得"出境危险货物运输包装使用鉴定结果单"后,方可包装危险货物出境。

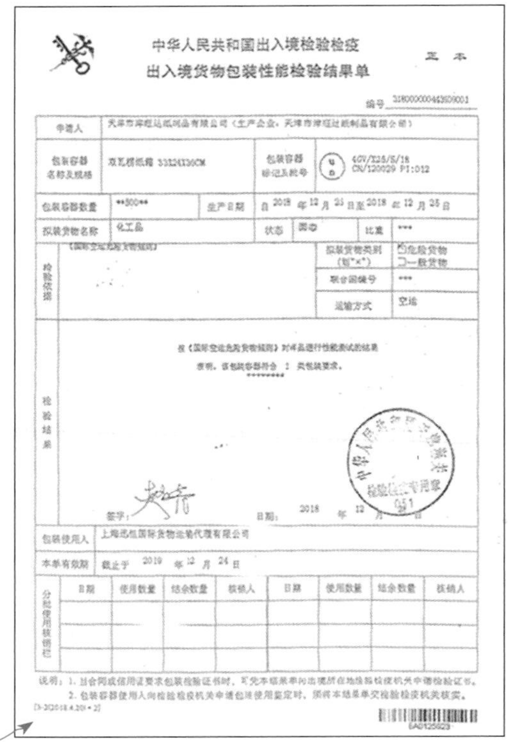

中华人民共和国出入境检验检疫

出入境货物包装性能检验结果单

正本

编号 3180000004463D9001

申请人	天津市岸旺达纸制品有限公司（生产企业：天津市岸旺达纸制品有限公司）		
包装容器名称及规格	双瓦楞纸箱 33X24X30CM	包装容器标记及批号	(u/n) 4GV/X25/S/18 CN/120029 PI:012
包装容器数量	**300**	生产日期	自 2018 年 12 月 25 日至 2018 年 12 月 25 日
拟装货物名称	化工品	状态	固态　比重 ***
检验依据	《国际空运危险货物规则》	拟装货物类别（划"×"）	危险货物 / 一般货物
		联合国编号	***
		运输方式	空运
检验结果	按《国际空运危险货物规则》对样品进行性能测试的结果表明，该包装容器符合 Ⅰ 类包装要求。******** 签字： 日期：2018 年 12 月 日		
包装使用人	上海迅恒国际货物运输代理有限公司		
本单有效期	截止于 2019 年 12 月 24 日		

分批使用核销栏

日期	使用数量	结余数量	核销人	日期	使用数量	结余数量	核销人

说明：1. 当合同或信用证要求包装检验证书时，可凭本结果单向出境所在地检验检疫机关申请检验证书。

2. 包装容器使用人向检验检疫机关申请包装使用鉴定时，须将本结果单交检验检疫机关核实。

[3-2(2018.4.20)＊2]

图 3-54　危险品包装性能检验结果单示例

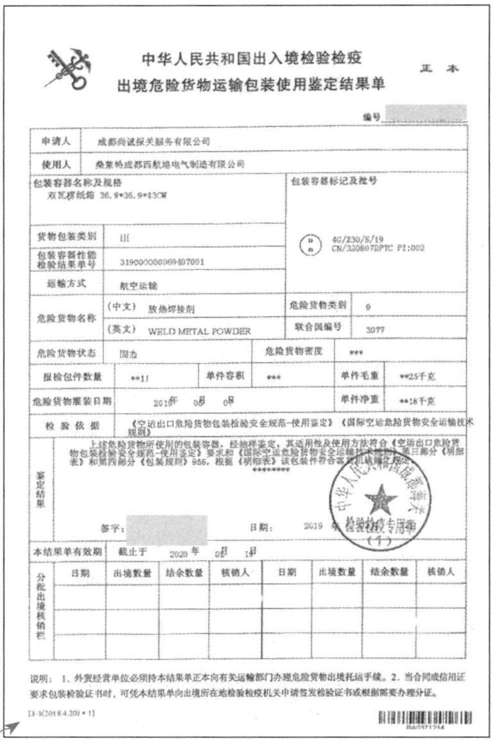

中华人民共和国出入境检验检疫

出境危险货物运输包装使用鉴定结果单

正本

编号

申请人	成都尚诚报关服务有限公司		
使用人	桑莱特成都西航港电气制造有限公司		
包装容器名称及规格：双瓦楞纸箱 36.9*36.9*43CM		包装容器标记及批号：(u/n) 4G/Z30/S/19 CN/320807DPTC PI:002	
货物包装类别	Ⅲ		
包装容器性能检验结果单号	3190000000069407001		
运输方式	航空运输		
危险货物名称	（中文）放热焊接剂	危险货物类别	9
	（英文）WELD METAL POWDER	联合国编号	3077
危险货物状态	固态	危险货物密度	***
报检包件数量	**11　单件容积 ***	单件毛重	**25千克
危险货物灌装日期	2019年 08月 0日	单件净重	**18千克
检验依据	《空运出口危险货物包装检验安全规范-使用鉴定》《国际空运危险货物安全运输技术规则》		
鉴定结果	上述危险货物所使用的包装容器，经抽样鉴定，其适用性及使用方法符合《空运出口危险货物包装检验安全规范-使用鉴定》要求和《国际空运危险货物安全运输技术规则》第三部分《明细表》和第四部分《包装规则》956，根据《明细表》该包装件符合客货机载运规定。******** 签字： 日期：2019 年		
本结果单有效期	截止于 2020 年 08月 1日		

分批出境核销栏

日期	出境数量	结余数量	核销人	日期	出境数量	结余数量	核销人

说明：1、外贸经营单位必须持本结果单正本向有关运输部门办理危险货物出境托运手续。2. 当合同或信用证要求包装检验证书时，可凭本结果单向出境所在地检验检疫机关申请签发检验证书或根据需要办理分证。

[3-3(2018.4.20)＊1]

图 3-55　危包证示例

本章小结

本章介绍了危险品运输中托运人的工作，包括识别品名、采用正确的包装、粘贴合适的标记标签、准备航空公司或相关部门要求的运输文件等内容，以上工作都属于托运人的责任。禁止托运人在普通货物中夹带危险品或者将危险品匿报、谎报为普通货物运输。

思考与练习

一、判断题

1. 一种物质在品名表中的字体为细体字，可能代表这种物质过于危险，不允许空运。（　　）

2. 所有的危险品都列入了品名表，不在表格内的物质都是普货。（　　）

3. 列入品名表中的物质只要按照要求正确的包装，航空公司必须运输。（　　）

4. 复合包装是指由内外两层材料组合而成的不可分割的整体包装，属于组合包装。（　　）

5. 危险品在运输时，由承运人填写危险品申报单。　　　　　　　　（　　　）

6. 包装等级为Ⅱ级的危险品，必须装入 Y 等级的 UN 规格的包装中。（　　　）

7. 危险品包装件应该粘贴合适的危险性标签和操作标签。　　　　　（　　　）

8. 飞机集装器可以作为集合包装件（Overpack）。　　　　　　　　（　　　）

9. 包装注入液体后，必须保证留有足够的剩余空间，以防止运输中因液体遇热膨胀而引起容器变形或破损。　　　　　　　　　　　　　　　　　　　　（　　　）

10. 危险品必须盛放在联合国规格的包装内才能通过民航运输。　　（　　　）

二、选择题

1. 液氮的外包装上应该粘贴的危险性标签是（　　　）。

A.　　　　　　B.　　　　　　C.　　　　　　D.

2. 80% 浓度的酒精溶液的外包装上应该粘贴的危险性标签是（　　　）。

A.　　　　　　B.　　　　　　C.　　　　　　D.

3. 运输浓硫酸时外包装上应该粘贴的危险性标签的是（　　　）。

A.　　　　　　B.　　　　　　C.　　　　　　D.

4. 运输压缩氢气的外包装上应该粘贴的危险性标签是（　　　）。

A.　　　　　　B.　　　　　　C.　　　　　　D.

5. 远离热源的标签　　　　　　适用于（　　　）。

keep away from heat

A. 4.1 项的自身反应物质　　　　　　B. 5.1 氧化剂

C. 4.1 项易燃固体　　　　　　　　　D. 1.4S 爆炸性物质

6. 锂电池的包装件上可能粘贴的危险性标签是（　　　）。

A. 　　　B. 　　　C. 　　　D.

7. 某放射性物质的包装件,测得它的运输指数是 2,外表面任一点最大辐射水平 1mSv/h,则它的包装件上应该粘贴的危险性标签是（　　　）。

A. 　　　B. 　　　C. 　　　D.

8. 磁性物质需要粘贴的标记标签是（　　　）。

A. 　　　B. 　　　C. 　　　D.

9. 危害环境的物质应该粘贴的标记标签是（　　　）。

A. 　　　B. 　　　C. 　　　D.

10. 干冰应该粘贴的标记标签是（　　　）。

A. 　　　B. 　　　C. 　　　D.

11. 仅限货机的操作标签是（　　　）。

A. 　　　B. 　　　C. 　　　D.

12. 运输液氮的包装件上应该粘贴的操作标签是（　　　）。

A. 　　　B. 　　　C. 　　　D.

13. 放射性物质的例外包装件上需要粘贴的操作标签是（　　　）。

A. 　　B. 　　C. 　　D.

14. 埃博拉病毒的包装件上应该粘贴的危险性标签是（　　　）。

A. 　　B. 　　C. 　　D.

15. 危险品包装件的基本标记包括（　　　）。

A. 运输专用名称、UN 或 ID 编号、收发货人的电话

B. 运输专用名称、UN 或 ID 编号

C. 运输专用名称、UN 或 ID 编号、收发货人的名称地址

D. UN 或 ID 编号、收发货人的名称地址

16. 方向性标签必须在包装件的（　　　）上粘贴。

A. 对称的两个侧面上　　　　　　　　B. 相邻的两个侧面上

C. 所有侧面　　　　　　　　　　　　D. 任何一个侧面上

17. 对于含有干冰的包装件,必须注明（　　　）。

A. 干冰的净重　　　　　　　　　　　B. 干冰的毛重

C. 包装件的净重　　　　　　　　　　D. 包装件的毛重

18. 对于第 2 类深冷冻液化气体,环绕包装件每隔 120° 或每个侧面都必须标注（　　　）。

A. "KEEP UPRIGHT"（保持向上）

B. "DO NOT DROP － HANDLE WITH CARE"（切勿扔摔,小心轻放）

C. 包装件的净重

D. 责任人的电话

19. 在 UN 规格包装标记中,Y 表示可以盛放包装等级为（　　　）的危险品。

A. Ⅱ级　　　　　　　　　　　　　　B. Ⅲ级

C. Ⅱ级和Ⅲ级　　　　　　　　　　　D. Ⅰ级

20. 关于集合包装下述错误的是（　　　）。

A. 集合包装分为封闭型集合包装和开放型集合包装

B. 飞机集装器可以作为集合包装

C. 采用集合包装是为了运输和装载的方便

D. 封闭型的集合包装外表面上必须印有"Overpack"的字样

危险货物的操作

在危险品的收运、存储和装载过程中,现场操作的正确性是保证安全的关键。操作危险品应遵循如下基本原则。

一、预先检查原则

预先检查原则是指在危险品包装件入库、装板及装机之前,必须由具体负责人进行认真的检查。经检查,包装件如有一项不符合要求,岗位负责人应拒绝接收,并退回原处。只有当包装件在完全符合要求的情况下,才可以继续进行操作。对已装入飞机的包装件,如发现有泄漏或破损,必须从飞机上卸下,并马上采取安全处理措施。此时,承运人必须对飞机上的货物进行检查以确认其他货物没有损坏或没有污染。

检查标准如下:

(1)外包装无渗漏、无破损,包装无气味,无任何渗漏和损坏的迹象。

(2)包装件的危险性标签和操作标签正确无误、粘贴牢固。

(3)包装件上的标记(包括运输专用名称、UN 或 ID 编号、净重或毛重(必要时)、托运人和收货人的姓名及地址、其他附加标记)正确清楚。

二、请勿倒置原则

在危险品运输中,装有液体危险品的包装件均应按要求贴有"向上"标签(有时标有"This side up"或"This way up"字样)。请勿倒置原则是指操作人员在搬运、存储、装卸的全过程中,必须按照该标签的指向使包装件始终保持直立向上。对于倒置或放置方向不符合这一要求的包装件,岗位负责人不得接收。

三、轻拿轻放原则

轻拿轻放原则是指在搬运或装卸危险品包装件时,无论是人工操作还是机械操作,都必须轻拿轻放,切忌磕、碰、摔、撞。

四、隔离原则

隔离原则是指为了保证人员的安全和货物的完好,某些危险品与人之间,某些不同类别的危险品之间,某些危险品与其他非危险货物之间,在存储与装载时均需隔离。

五、可接近性原则

可接近性原则是针对仅限货机运输的包装件而确定的,指在存储和装载时,必须使贴有"Cargo Aircraft Only"(仅限货机)标签的包装件具有可接近性,即在存储或飞行中,仓库管理人员或机组人员能够看见并易于接近这种包装件。在必要的时候,只要包装件的大小和重量允许,上述人员可以用手随时将它搬开。此原则不适用于 C 级货舱或直升机运输。

六、固定货物、防止滑动原则

固定货物、防止滑动原则是指危险品包装件装入机舱中后,必须防止损坏。装载人员应将它们在机舱内固定,以免在飞行中危险品滑动或倾倒。

第一节
危险品的收运

危险品收运是危险品运输的重要环节之一。运营人或其地面操作代理人必须遵守相关法律、法规要求和运营人的规定,对准备交付货物运输的危险品从包装、标记标签和相关文件等方面逐项检查,确保其适合航空运输。

一、收运的一般规定

收运人员必须通过民航局要求的第 6 类人员的培训并获得证书,还要按要求每两年定期复训。

(1)收运人员必须经过适当培训,以帮助他们能够识别普通货物中隐含危险品的存在。收运人员应从托运人得到任何可能包含危险品的可疑货物内容的肯定答复,旨在防止未申报的危险品作为普通货物装载到飞机上。

(2)收运人员应检查托运人提供的危险品分类、项以及运输专用名称的有关资料。托运人所提供的资料包括以下一种或几种:产品性质说明、理化检查报告、安全技术数据或同等性质的材料、公司认可的货物运输条件鉴定检测机构出具的货物性质鉴定报告。对于危险品包装,必须检查是否具有包装检测机构出具的包装性能测试报告。

(3)收运人员必须依照当年有效的危险品收运检查单逐项进行检查,不符合要求的应拒绝收运。

二、收运检查

收运人员应使用危险品检查单检查危险品的申报单、运单、包装、标记标签。只要有一项不符合要求,就应拒绝收运,并在检查单上列出拒绝收运的理由,一份由收运部门保存,另一份给货物托运人。

危险品收运检查单分为三种:第一种用来检查非放射性物质;第二种用来检查放射性物质;第三种用来检查不要求托运人危险品申报单的固体二氧化碳(干冰)。

（一）非放射性物质收运检查单（图 4-1）

2019
非放射性危险品收运检查单

下列推荐的检查清单用于始发站核实托运货物。在所有项目检查之前不得收运或拒收托运货物。

下列各项内容是否正确？

托运人危险品申报单（DGD）　　　　　　　　　　　　　　　　　　　　是　　否＊　　不适用

1. 英文申报单一式两份按 IATA 格式填写［8.1.1,8.1.2,8.1.6.12］　　　　　□　　□

2. 托运人和收货人名称及地址全称［8.1.6.1,8.1.6.2］　　　　　　　　　□　　□

3. 如无航空货运单号,填上［8.1.6.3］　　　　　　　　　　　　　　　　□

4. 共有的页数［8.1.6.4］　　　　　　　　　　　　　　　　　　　　　　□　　□

5. 删除不适用的飞机机型［8.1.6.5］　　　　　　　　　　　　　　　　　□

6. 如无起飞／目的地机场或所在城市的全称,填上此条目为可选项［8.1.6.6 和 8.1.6.7］　　□

7. 删除"放射性"字样［8.1.6.8］　　　　　　　　　　　　　　　　　　□　　□

识别

8. UN 或 ID 编号,编号前冠以 UN 或 ID 字样［8.1.6.9.1,步骤 1］　　　□

9. 运输专用名称及必要时写在括号内的技术名称［8.1.6.9.1,步骤 2］　　□

10. 类别或项别,对于第 1 类,配装组代号［8.1.6.9.1,步骤 3］　　　　　□

11. 次要危险性,紧跟于类别／项别后的括号内［8.1.6.9.1,步骤 4］　　□　　□　　□

12. 包装等级［8.1.6.9.1,步骤 5］　　　　　　　　　　　　　　　　　　□　　□　　□

包装数量及类型

13. 包装件的数量及类型［8.1.6.9.2,步骤 6］　　　　　　　　　　　　□

14. 每一包装件的含量及计量单位（净重或适用时的毛重）符合相关限制［8.1.6.9.2,步骤 6］　□

15. 对于 1 类,净数量后附加净爆炸质量且紧接度量单位［8.1.6.9.2,步骤 6］　□　　□

16. 当不同种类危险品包装在同一外包装中时,符合以下规定

　　16.1- 根据表 9.3.A 可包装在一起　　　　　　　　　　　　　　　□　　□

　　16.2- 装有 6.2 项危险品的 UN 包装件［5.0.2.11（c）］　　　　　　□　　□

　　16.3-"All packed in one（type of packaging）"字样［8.1.6.9.2,步骤 6（f）］　□　　□

　　16.4- 计算的"Q"值的不得超过 1［5.0.2.11（g）&（h）;2.7.5.6;8.1.6.9.2,步骤 6（g）］　□　　□

17. Overpack

　　17.1- 根据表 9.3.A 可包装在一起［5.0.1.5.1］　　　　　　　　　　□　　□

　　17.2-"Overpack Used"字样［8.1.6.9.2,步骤 7］　　　　　　　　　□　　□

　　17.3- 当使用 1 个以上 Overpack 时,标注识别标记及危险品的总量［8.1.6.9.2,步骤 7］　□　　□

包装说明

18. 包装说明编号［8.1.6.9.3,步骤 8］　　　　　　　　　　　　　　　□

19. 对于符合 IB 部分的锂电池,"IB"跟随在包装说明后面［8.1.6.9.3,步骤 8］　□

批准

20. 如适用,相关特殊规定代号 A1, A2, A3, A4, A5, A51, A81, A88, A99, A130, A190, A191,
　　A201, A202, A211, A212, A331［8.1.6.9.4,步骤 9］　　　　　　　□　　□　　□

21. 指明附有政府批准证书,包括英文副本［8.1.6.9.4,步骤 9］　　　　□　　□　　□

附加操作信息

22. 对于 4.1 项中的自反应物质及相关物质、5.2 项的有机过氧化物,或其样品、PBE、感染性物质及受管
　　制物质,易燃黏稠物质以及烟火（UN0336 和 UN0337）,强制性的文字要求［8.1.6.11］　□　□　□

23. 签署者姓名,日期,托运人签字［8.1.6.13,8.1.6.14,8.1.6.15］　　　□　　□

24. 更改或修订时有托运人签字［8.1.2.6］　　　　　　　　　　　　　□　　□　　□

图　4-1

航空货运单

25. 在操作信息栏显示"Dangerous Goods as per attached Shipper's Declaration"或
"Dangerous Goods as per attached DGD"[8.2.1（a）] □ □

26. "Cargo Aircraft Only"或"CAO"字样，若适用[8.2.1（b）] □ □ □

27. 包含非危险品时，标明危险品的件数[8.2.2] □ □ □

包装件和 Overpack

28. 包装无破损和泄漏[9.3.1（i）] □ □

29. 包装符合包装说明 □ □ □

30. 交付的包装件及 Overpack 的数量及类型与托运人申报单位中所注明的相同 □ □

标记

31. UN 规格包装，否则按 6.0.4 和 6.0.5 的要求做标记：

31.1- 符号和规格代号[6.0.4.2.1（a），（b）] □ □ □

31.2-X、Y、Z，与包装等级／包装说明一致[6.0.4.2.1（c）] □ □ □

31.3- 不超过最大毛重（固体、内包装或 IBCs）[SP A179,6.0.4.2.1（d）] □ □ □

31.4- 塑料桶、方形桶及 IBCs 在使用期限内[5.0.2.15] □ □ □

31.5- 感染性物质的包装标记[6.5.3.1] □ □ □

32. UN/ID 编号[7.1.4.1（a）] □ □

33. 运输专用名称包括必要时的技术名称[7.1.4.1（a）] □ □

34. 托运人及收货人的姓名及地址全称[7.1.4.1（b）] □ □

35. 所有类别的货物（除 ID8000 和第 7 类），在多于一个包装件时，包装件上标注净数量或必要时后
跟"G"所表示的毛重，除非内容相同[7.1.4.1（c）] □ □ □

36. 固体二氧化碳（干冰），包装上标注净重[7.1.4.1（d）] □ □ □

37. 对 6.2 项感染性物质，责任人的姓名及电话[7.1.4.1（e）] □ □ □

38. 包装说明 202 所要求的特殊标记[7.1.4.1（f）] □ □ □

39. 有限数量包装件标记[7.1.5.2] □ □ □

40. 环境危害物质标记[7.1.5.3] □ □ □

41. 锂电池标记[7.1.5.5] □ □ □

标签

42. 主要危险性标签，依据 4.2 节 D 栏[7.2.3.1;7.2.6] □ □ □

43. 依据 4.2 节 D 栏，次要危险性标签粘贴在主要危险性标签旁[7.2.3.1;7.2.6.2.3] □ □ □

44. 仅限货机标签[7.2.4.2;7.2.6.3] □ □ □

45. "方向"标签，如适用，粘贴在相对的两个侧面上[7.2.4.4] □ □ □

46. "冷冻液体"标签，如适用[7.2.4.3] □ □ □

47. "远离热源"标签，如适用[7.2.4.5] □ □ □

48. 除去无关的标记及标签[7.1.1;7.2.1] □ □

关于 Overpack

49. 包装使用的标记、危险性标签及操作标签必须清晰可见，否则需重新书写或粘贴在 Overpack 的
表面[7.1.7.1, 7.2.7] □ □ □

50. 如果所有标记和标签不可见，则需有"Overpack"字样[7.1.7.1] □ □ □

51. 当交运的 Overpack 超过一个时，标识标记和危险品的总量[7.1.7.3] □ □ □

一般情况

52. 国家及经营人差异均符合[2.8] □ □ □

53. 仅限货机的货物，所有航段均由货运飞机运输 □ □ □

意见：_____

检查人：_____

地点：_____ 签字：_____

日期：_____ 时间：_____

如果任何一项检查为"否"，工作人员将不得收运该货物，并将一份填写好的检查单的副本交给托运人。

图 4-1　非放射性危险品收运检查单

（二）放射性物质收运检查单（图 4-2）

2019

☢ 放射性物品收运检查单

下列推荐的检查清单用于始发站核实托运货物。

在所有项目检查之前不得收运成拒收托运货物。

下列各项内容是否正确？

	是	否 *	不适用
托运人危险品申报单（DGD）			
1. 英文申报单一式两份，按 LATA 格式填写［10.8.1.2,10.8.1.4,8.1.1 和 10.8.3.12.2］	☐	☐	
2. 托运人及收货人姓名和地址全称［10.8.3.1, 10.8.3.2］	☐	☐	
3. 如无货运单号，填上［10.8.3.3］	☐		
4. 显示总页数［10.8.3.4］	☐	☐	
5. 删除不适用的机型［10.8.3.5］	☐	☐	
6. 如无起飞 / 目的地机场或所在城市的全称，填上此条目为可选项［10.8.3.6 和 10.8.3.7］	☐	☐	☐
7. 删除或不显示"非放射性"字样［10.8.3.8］	☐	☐	
识别			
8.UN 编号，编号前应冠以 UN 字样［10.8.3.9.1，步骤 1］	☐	☐	
9. 运输专用名称并在适用时，在括号中加人特殊规定 A78 要求的补充信息。［10.8.3.9.1，步骤 2］	☐	☐	
10. 第 7 类［10.8.3.9.1，步骤 3］	☐	☐	
11. 次要危险性写入紧跟于类别后的括号内［10.8.3.9.1，步骤 4］，及次要危险性的包装等级，如适用 ［10.8.3.9.1，步骤 5］	☐	☐	☐
包装数量及类型			
12. 放射性核素符号或名称［10.8.3.9.2，步骤 6（a）］	☐	☐	
13. 对于其他形式，物理和化学形态描述［10.8.3.9.2，步骤 6（b）］	☐	☐	☐
14."Special Form"（UN3332 或 UN333 除外）或"Low dispersible material"字样［10.8.3.9.2，步骤 6（b）］	☐	☐	☐
15. 包装件数量和类型，及每个包装件的活度值，以 Bq 或其倍数表示,对于裂变物质,可用总质量 （g 或 kg）代替活度值［10.8.3.9.2，步骤 7］	☐	☐	
16. 不同的单个放射性核素，注明每一放射性核素的活度值及"All packed in one"的字样 ［10.8.3.9.2，步骤 7］	☐	☐	☐
17.A 型包装件（表 10.3.A）、B 型或 C 型包装件（参见主管当局证明）的活度值位于允许的限值内	☐	☐	☐
18. 托运人申报单中注明"Overpack Used"字样［10.8.3.9.2，步骤 8］	☐		
包装说明			
19. 包装件或 Overpack 的级别，如适用［10.5.15.1（a）.10.8.3.9.3，步骤 9（a）和表 10.5.C］	☐	☐	
20. 对于 II 级或III级，包装件的运输指数和尺寸（按照长 × 宽 × 高的顺序为佳）［10.8.3.9.3，步骤 9（b）和（c）］	☐	☐	☐
21. 裂变物质，应根据 10.6.2.8.1.3（a）至（c）或 10.6.2.8.1.4 的内容,注明临界安全指数（另请参阅检查单第 22 项中相关 * 内容），或注明"裂变例外（Fissile Excepted）"字样。"Fissile Excepted"［10.8.3.9.3，步骤 9］	☐	☐	☐
批准			
22. 对于下列情况，显示识别标记以及随附 DGD 的一份英文文件［10.5.7.2.3；10.8.3.9.4，步骤 10；10.8.7.］：			
22.1- 特殊形式批准证书	☐	☐	☐
22.2-B 型包装件设计批准证书	☐	☐	☐
22.3- 要求的其他批准证书	☐	☐	☐
23. 附加操作说明［10.8.3.11］	☐	☐	
24. 签署者姓名和日期［10.8.3.13 和 10.8.3.14］，及托运人的签名［10.8.3.15］	☐	☐	
25. 更改或修订处有托运人签字［10.8.1.7］	☐	☐	☐

图　4-2

航空货运单 - 操作信息

26. 在操作信息栏是示"Dangerous Goods as per attached Shipper's Declaration"或"Dangerous Goods as per attached DGD"[10.8.8.1（a）] ☐ ☐

27. "Cargo Aircraft Only"或"CAO"字样，若适用[10.8.8.1（b）] ☐ ☐ ☐

28. 包含非危险品时，标明危险品的件数[10.8.8.2] ☐ ☐ ☐

包装件和 Overpack

29. 交付的包装件及 Overpack 的数量及类型与托运人申报单中所注明的相同 ☐ ☐

30. 运输包装封志未破损[10.6.2.4.1.2]并且包装件处于适于运输的状态[9.1.3；9.1.4] ☐ ☐

标记

31. 以 UN 前缀开头的 UN 编号[10.7.1.3.1] ☐ ☐

32. 运输专用名称并在适用时，在括号中加入特殊规定 A78 要求的补充信息[10.7.1.3.1] ☐ ☐

33. 托运人和收货人的全名及地址全称[10.7.1.3.1] ☐ ☐

34. 在包装件的毛重超过 50kg 时，显示允许的毛重（Permissible gross weight）[10.7.1.3.1] ☐ ☐ ☐

35. A 型包装件，根据 10.7.1.3.4 标记 ☐ ☐ ☐

36. D 型包装件，根据 10.7.1.3.5 标记 ☐ ☐ ☐

37. C 型包装件、工业包装和含有裂变物质的包装件，分别根据 10.7.1.3.6，10.7.1.3.3 或 10.7.1.3.7 标记 ☐ ☐ ☐

标签

38. 在包装件的相对两面按 DGD 贴有相同级别的标签[10.7.4] ☐ ☐

38.1- 根据要求，标注核素符号或 LSA/SCO[10.7.3.3.1] ☐ ☐

38.2- 活度，以 Bq（或其倍数）表示。对于裂变物质，用克表示的总质量（可能会替代使用）[10.7.3.3.2] ☐ ☐

38.3- 对于 II 级、III 级，与 DGD 一致的运输指数 TI，并进位到小数点后一位[10.7.3.3.3] ☐ ☐

39. 适用的次要危险性的标签，毗邻危险性标签[10.7.3.2；10.7.4.3] ☐ ☐ ☐

40. 如适用，两个仅限货机标签，分别在危险性标签的同一侧面粘贴，并毗邻危险性标签[10.7.4.2.4；10.7.4.3.1；10.7.4.4.1] ☐ ☐ ☐

41. 对于裂变物质，粘贴两个正确填写了临界安全指数（CS1）的标签，与危险标签位于同一侧面上[10.7.3.3.4；10.7.4.3.1] ☐ ☐

42. 除去或擦掉无关的标记和标签[10.7.1.1；10.7.2.1] ☐ ☐

关于 Overpack

43. 包装件使用标记和标签必须清晰可见或复制在 Overpack 的外表面[10.7.1.4.1；10.7.4.4] ☐ ☐ ☐

44. 如果 Overpack 内的包装件的标记、标签不可见，标明"Overpack"字样[I0.7.1.4.1] ☐ ☐

45. 当交运的 Overpack 超过一个时，显示识别标记[10.7.1.4.3] ☐ ☐

46. 粘危险性标签反映出 Overpack 内装的每个核素、活度及运输指数[10.7.3.4] ☐ ☐ ☐

一般情况

47. 符合国家和经营人的差异[2.8] ☐ ☐ ☐

48. 仅限货机的货物，所有航段均由货运飞机运输 ☐ ☐ ☐

49. 内装固体二氧化碳（干冰）的包装件，要符合相应的标记、标签和文件的要求[包装代号 954；7.1.4.1（d）；7.2.3.9.1] ☐ ☐ ☐

意见：_____

_____

检查人：_____

地点：_____ 签字：_____

日期：_____ 时间：_____

* 如果任何一项检查为"否"，工作人员将不得收运该货物，并将一份填写好的检查单的副本交给托运人。

图 4-2   放射性物品收运检查单

（三）干冰收运检查单（图 4-3）

2019
干冰（固体二氧化碳）收运检查单
（在不需要托运人危险品电报单时使用）

托运所有的危险品都应当使用检查单 (9.1.3). 以确保进行正确的收运检查。当干冰为自带包装或与其他非危险品一起托运时，托运人和承运人可使用以下的检查单来收运干冰。

下列各项内容是否正确？

	是	否*	不适用
文件			
在航空货运单的"货物性质和数量"(8.2.3) 栏中应包含以下信息：			
1. UN 非号，"1843"前面应冠以"UN"字样	☐	☐	
2. "固体二氧化碳"或"干冰"的字样	☐	☐	
3. 包装件数量 (除非托运的货物中仅有干冰包装件)	☐	☐	
4. 以千克为单位的干冰的净重	☐	☐	
数量			
5. 每个包装件中的干冰在 200kg 以下 [4.2]	☐	☐	
包装件及 Overpack			
6. 包装件数与货运单所示相同	☐	☐	
7. 包装件无破损和泄漏	☐	☐	
8. 包装件应符合包装说明 954，且包装件上有排气孔	☐	☐	
标记和标签			
9. UN 编号，"1845"号码前应冠以"UN"字样 [7.1.4.1(a)]	☐	☐	
10. "固体二氧化碳"或"干冰"的字样 [7.1.4.1(a)]	☐	☐	
11. 托运人和收货人的全名和详细地址 [7.1.4.1(b)]	☐	☐	
12. 每个包装件中干冰的净重 [7.1.4.1(d)]	☐	☐	
13. 粘贴第 9 类标签 [7.2.3.9,7.2.6]	☐	☐	☐
14. 清除或涂去无关的标记和标签 [7.1.1(b); 7.2.1(a)]	☐	☐	
注：标记和标签不适用于含有干冰的 UL.Ds			
关于 Overpack			
15. 包装使用的标记、危险性标签及操作标整必须清晰可见，否则需重新书写或粘贴在 Overpack 的表面 [7.1.7.1,7.2.7]	☐	☐	☐
16. 如果所有标记和标签不可见，则需有"Overpack"字样 [7.1.7.1]	☐	☐	☐
17. 固体二氧化碳（干冰）的总净重标注在 Overpack 上 [7.1.7.1]	☐	☐	☐
注：标记与标签的要求不适应于含有干冰的集装器 (ULDs)。			
国家和经营人差异			
18. 符合国家和经营人差异 [2.8]	☐	☐	☐

意见：_____

检查人：_____

地点：_____ 签字：_____

日期：_____ 时间：_____

* 如果任何一项检查为"否"，工作人员将不得收运该货物，并将一份填写好的检查单的副本交给托运人。

图 4-3 干冰收运检查单

（四）检查单实例（图 4-4）

Acceptance Check Sheet for NON-Radioactive Shipments

Lufthansa Cargo — Networking the world.

SWISS WorldCargo

AWB-No.: 724-20593204   Origin: DUG   Destination: GVA

Never accept or refuse a shipment before all items have been checked.
Is the following information correct for each entry?

Shippers Declaration for Dangerous Goods (DGD)   Yes No N/A
1. Two copies in English and in the IATA format
2. Full name and address of Shipper and Consignee
3. The number of pages shown
4. If the Air Waybill number, full name of Airport or City of Departure or Destination is not shown, enter it
5. The non-applicable Aircraft Type deleted
6. The word "Radioactive" deleted

Identification
7. UN or ID Number, preceded by prefix
8. Proper Shipping Name and the technical name in brackets where required
9. Class or Division, and for Class 1, the Compatibility Group
10. Subsidiary Risk, in parentheses, immediately following Class or Division
11. Packing Group

Quantity and Type of Packing
12. Number of Packages and Type of Packaging
13. Quantity and unit of measure within package limit
14. For Class 1, the net quantity supplemented with the net explosive mass
15. When different dangerous goods are packed in one outer packaging, the following rules are complied with:
    a) Compatible according to Table 9.3.A
    b) UN packages containing Division 6.2
    c) "All packed in one (type of packaging)"
    d) "Q" value, not exceeding 1 and rounded up
16. Overpack
    a) Compatible according to Table 9.3.A
    b) Wording "Overpack Used"
    c) Identification marks and total quantity shown, if applicable

Packing Instructions
17. Packing Instruction Number

Authorizations
18. Special Provision Number if A1, A2, A4, A5, A51, A81, A88, A99, A130, A190, A191, A201, A202, A211, A212 or A331
19. Indication that governmental authorization and/or additional approvals are attached (including a copy in English, if required)

Additional Handling Information
20. Statement for self-reactive substances of Division 4.1 or organic peroxides of Division 5.2 or PBE or fireworks or viscous flammable liquids
21. Name/Phone no. of a responsible person for Division 6.2
22. Name of Signatory and Date indicated and Signature of Shipper
23. Amendment(s) or alteration(s) signed by Shipper

Air Waybill – Handling Information
24. "Dangerous goods as per attached Shipper's Declaration" or "Dangerous Goods as per attached DGD"
25. "Cargo Aircraft Only" or "CAO", if applicable
26. For mixed shipment(s): number of packages containing dangerous goods

Comments

Package(s) and Overpack(s)   Yes No N/A
27. Packaging conforms with packing instruction and is free from damage or leakage
28. Same number of packages and type of packagings and overpacks delivered as shown on DGD

Markings
29. UN or ID Number(s)
30. Proper Shipping Name including technical name where required
31. Full name and address of Shipper and Consignee
32. For classes 1 to 6, 8 and 9 the net quantity or gross weight followed by "G", if applicable
33. Name/Phone no. of a responsible person for Division 6.2
34. The Special Marking requirements shown for PI202
35. Limited Quantity mark for ID8000 (Only ID8000 is accepted on LH/LX with Y Packing Instruction)
36. The Environmentally Hazardous Substance Mark
37. "Lithium Battery" mark / label, if applicable
38. UN Specification Packaging only:
    a) Symbol and Specification Code
    b) X, Y or Z meets or exceeds PG /PI requirements
    c) Gross Weight within limits
    d) Infectious substance package marking
    e) Provisions for IBC complied with

Labeling
39. The label(s) identifying the Primary risk
40. The label(s) identifying the Subsidiary risk
41. "CAO" label(s), on the same surface near the Hazard label(s)
42. "Orientation" labels on two opposite sides, if applicable
43. "Cryogenic Liquid" labels, if applicable
44. "Keep Away From Heat" label, if applicable
45. All required labels correctly displayed and all irrelevant marks and labels removed

For Overpacks
46. Packaging use marks and hazard and handling labels, as required must be clearly visible or reproduced on the outside of the overpack
47. The word "Overpack" marked if all marks and labels are not completely visible
48. If more than one overpack is used, identification marks shown and total quantity of dangerous goods

General
49. State and Operator variations complied with including all LH/LX variations
50. Embargoes/Restrictions complied with
51. Booking correct and status confirmed (LH only)
52. "Cargo Aircraft Only" shipments, a cargo aircraft or truck operates on all sectors

The Shipment is: Acceptable ☑   Not acceptable ☐

Checked by: Signature   Date

18:38 / 29 MAR

Name tel.   Station / Department

Notes: If any box is answered "No" do not accept the shipment and give the copy of the form back to the shipper or agent together with this consignment for corrective action. If goods are accepted attach one copy of the form to the AWB, the other to the local station file.

LX Form 13-03239 V1/2018

图 4-4 检查单实例

第二节
危险品的存储

危险品是特殊的货物,在存储中需要特殊照料,一旦发生货物丢失或其他危险事故,就会给人员、财产带来危害和损失。因此,要求担任危险品仓库管理工作的人员必须具有高度的责任心和安全意识,具备危险品储运的有关知识。

一、危险品仓库管理

(一)危险品仓库或存放区

危险品的包装件应在专门设计的危险品仓库或危险品存放区中存放。危险品在存储中,应按其类别、项别放置在不同的仓库中或不同的区域内(如图 4-5 所示)。仓库的管理部门必须制定完备、有效的规定和措施,切实做好仓库的防火、防盗、防鼠、防水、防冻等工作。

图 4-5　危险品仓库

(二)危险品安保

加强保安措施,非授权人员不得进入危险品仓库或存放区,如图 4-6 所示。

图 4-6　危险品仓库标识

(三)危险品仓库配备物品

危险品仓库应配备相应物品,以备在发生危险品泄露及危险品事故时,能够及时、从容地采取措施,实施个人防护。仓库也必须设置安全、充足的照明设备和足量、有效的消防设施,以备在发生事故时能及时采取应急措施,如图 4-7 所示。

a)

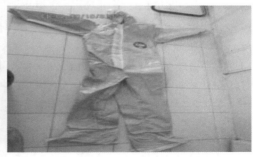
b)

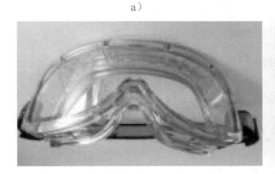
c)

d)

图 4-7　危险品仓库配备物品

（四）应急响应

危险品仓库或存放区内外明显位置应明示应急电话号码,如图 4-8 所示。

图 4-8　危险品仓库应急响应信息标识

（五）无人提取的危险品货物

对于无人提取的货物,必须存放在安全的场所并通知相关的国家主管部门,向其征求进行进一步处理工作的指导。

二、几种特殊危险品的存放要求

（一）放射性物质

放射性物品必须与工作人员和公众有足够的距离。按照要保证射线辐照越低越好的原则，Ⅱ级黄色及Ⅲ级黄色的包装件、集合包装件（Overpack）及放射性专用货箱在临时存储时应与人员隔离，必须根据运输指数来计算隔离距离（隔离表见表4-1）。工作人员出入放射性物品仓库应佩戴辐射剂量卡进行个人监测。

（1）工作人员经常工作区域的辐射剂量为每年不超过 5mSv。

（2）公众经常进入区域的辐射剂量为每年不超过 1mSv。

（二）自身反应物质和有机过氧化物

在运输过程中，装有 4.1 项的自身反应物质或 5.2 项的有机过氧化物的包装件或集装器，应避免阳光直射，远离热源，存储在通风良好的区域，需粘贴标签，如图4-9 所示。

图 4-9　远离热源标签

不相容危险品的隔离表　　　　　　表4-1

危险性标签	1(不包括 1.4S)	2.1	2.2, 2.3	3	4.1	4.2	4.3	5.1	5.2	8	9 NOTE2
1(不包括 1.4S)	NOTE1	×	×	×	×	×	×	×	×	×	×
2.1	×	—	—	—	—	—	—	—	—	—	×
2.2, 2.3	×	—	—	—	—	—	—	—	—	—	—
3	×	—	—	—	—	—	—	×	—	—	×
4.1	×	—	—	—	—	—	—	×	—	—	×
4.2	×	—	—	—	—	—	—	×	×	—	—
4.3	×	—	—	—	—	—	—	—	—	×	—
5.1	×	—	—	×	×	×	—	—	—	—	×
5.2	×	—	—	—	—	×	—	—	—	—	—
8	×	—	—	—	—	—	×	—	—	—	—
9 NOTE2	×	×	—	×	×	—	—	×	—	—	—

注：1. 在行和列的交叉点注有"×"，表明装有这些类或项的危险品的包装件必须相互隔开。若在行列的交叉点注有"—"，则表明装有这些类 / 项的危险品包装件无须隔开。

2. 表中不包含 1.4S 及 6、7 和 9 类（除了锂电池）危险品，意味着它们不需与其他类别的危险品隔开。

3. NOTE1：1.4B 项的爆炸品不得与 1.4S 项以外的其他爆炸品装在一起。当 1.4B 爆炸品与 1.4S 以外的其他爆炸品装载在同一飞机时，必须分别装载在不同的集装器内，装机时集装器之间必须由其他货物分隔开并保持最小距离 2m。如不使用集装器装载，1.4B 必须与其他爆炸品装载在不同且不相邻的位置且之间用其他货物隔离最小 2m 的距离。

NOTE2：含有锂离子电池（符合包装说明 PI965 的 Section IA 和 Section IB）的包装件或集合包装件，以及含有锂金属电池（符合包装说明 PI968 的 Section IA 和 Section IB）的包装件或集合包装件，必须与含有第 1 类（除了 1.4S）、第 2.1 项、第 3 类、第 4.1 项和第 5.1 项的包装件及集合包装件隔离放置。

第三节 危险品的装载

危险品在飞机上的装载包括客舱和货舱。通常情况下,不得将危险品带入飞机客舱或驾驶舱内(按第五章第二节表 5-8 允许携带的危险品除外),但有些危险货物可以装载在客机的货舱中运输。

贴有"Cargo Aircraft Only"(仅限货机)标签的危险品,不得装上客机,只能装上货机,如图 4-10 所示。

a)　　　　　　　　　　　　　　b)

图 4-10　仅限货机危险品

某些危险品只有在获得始发站国家及经营人所在国的国家主管当局批准后,在特定条件下,才可以装载在飞机上进行运输。

在将危险品装入飞机时,要考虑不相容危险品的隔离和一些特殊危险品的装载要求。

一、不相容危险品的装载和隔离

彼此可能发生危险反应的危险品包装件,或者码放的位置可能导致危险品在渗漏的情况下相互发生反应的危险品,不得在飞机上靠在一起码放。为了确保对装有不同危险性的危险品包装件进行有效的隔离,必须遵照如表 4-1 所示的隔离要求。隔离要求的应用是以包装件上所有的危险性标签为基础的,不论是主要危险性还是次要危险性,都要按要求进行隔离。不相容的危险品在收运、操作和装载中也必须进行隔离。

二、几种特殊危险品的装载

(一)磁性物质的装载

磁性物质的装载必须保证飞机的罗盘指向保持在此飞机适航要求允许的公差范围内,在实际过程中,应装载在对罗盘影响最小的位置上。多个包装件会产生累积效应。

(二)固体二氧化碳(干冰)的装载

干冰对于活体动物存在两种危险性,一是放出二氧化碳气体,二氧化碳气体密度比空气大,而且会取代空气中的氧气。如果空气中二氧化碳含量过高,就会影响到人和动物的正常生理功能。二是降低周围温度,使动物处于低温环境。

经营人必须确认航空器上将装有或已装有干冰的情况通知给地面工作人员。飞机在到达目的站卸货时,必须等待货舱内空气充分流通后,工作人员才可以进入货舱进行装卸工作。

机组和旅客的交运行李中如果有干冰,则必须对行李进行标记,表明其中含有干冰,且须标明干冰数量(标明内装不超过 2.5kg 的干冰)。为了便于处理含有干冰的机组和旅客交运的行李,图 4-11 为行李牌示样,经营人可使用这种行李牌来标识此类交运行李。

图 4-11　含有干冰的行李使用的行李牌

(三)低温液体的装载

经营人在飞机上装载低温液体(例如液氮)时,应保证通知地面工作人员,并提出相应的警示,以保证装载人员在进入飞机货舱前,货舱门开启并释放所有积压气体。

(四)可膨胀聚合物颗粒及塑料模塑化合物的装载

可膨胀聚合物颗粒是用来产生聚合物的半成品。当作为发泡剂与易燃气体或液体混合的时候,可能释放出少量的易燃气体。净重不超过 100kg 的聚合物颗粒或塑料模塑原料可以装载于任何不可接近的货舱内。

(五)活体动物与危险品的装载

活体动物装载时不得靠近低温液体或固体二氧化碳(干冰)。由于干冰释放的气体比空气重,且集中在货舱底层,因此活体动物应码放在含有干冰的包装件之上。

贴有 II 级黄色和 III 级黄色标签的包装件、集合包装件(Overpack)和放射性专用货箱必须与活体动物隔离。若运输时间小于或等于 24h,最小间隔距离为 0.5m;若运输时间大于24h,最小间隔距离为 1m。

(六)放射性包装件的装载

为使人体接触的辐射剂量保持在合理安全的最低水平,放射性物品的包装件应放在尽量远离旅客和机组成员的位置,比如下部货舱地板上或主货舱的最后部分。表 4-2 和表 4-3列出了放射性物品的包装件与人体隔离的最小距离,如果可能应超过此规定距离装载。 II级黄色或 III 级黄色的包装件或集合包装件(Overpack)不得与乘有旅客的客舱同舱装载,专门批准的急件护送人员伴随包装件或集合包装件(Overpack)除外。

如果飞机上装有一个以上的放射性物品的包装件、集合包装件(Overpack)或放射性专用货箱,每个包装件、集合包装件(Overpack)或放射性专用货箱的最小隔离距离必须依据它们的运输指数总和按上表确定。或者,如果将放射性物品的包装件、集合包装件(Overpack)或放射性专用货箱分组码放,每组至客舱或驾驶舱墙板或地板的最近表面的最小距离应与每组的运输指数总和相对应;但是组与组之间的隔离距离必须至少是运输指数之和较大那一组相对应的隔离距离的三倍以上。

客、货机上放射性物品的隔离　　表 4-2

（T.I.）总和	最短距离	
	m	ft. in.
0.1~1.0	0.30	1'0''
1.1~2.0	0.50	1'8''
2.1~3.0	0.70	2'4''
3.1~4.0	0.85	2'10''
4.1~5.0	1.00	3'4''
5.1~6.0	1.15	3'10''
6.7~7.0	1.30	4'4''
7.1~8.0	1.45	4'9''
8.1~9.0	1.55	5'1''
9.1~10.0	1.65	5'5''
10.1~11.0	1.75	5'9''
11.1~12.0	1.85	6'1''
12.1~13.0	1.95	6'5''
13.1~14.0	2.05	6'9''
14.1~15.0	2.15	7'1''
15.1~16.0	2.25	7'5''
16.1~17.0	2.35	7'9''
17.1~18.0	2.45	8'1''
18.1~20.0	2.60	8'6''
20.1~25.0	2.90	9'6''
25.1~30.0	3.20	10'6''
30.1~35.0	3.50	11'6''
35.1~40.0	3.75	12'4''
40.1~45.0	4.00	13'1''
45.1~50.0	4.25	13'11''

仅限货机上放射性物品的隔离　　表 4-3

（T.I.）总和	最短距离	
	m	ft. in.
50.1~60	4.65	15'4''
60.1~70	5.05	16'8''
70.1~80	5.45	17'10''
80.1~90	5.80	19'0''
90.1~100	6.10	20'0''
100.1~110	6.45	21'2''
110.1~120	6.70	22'0''
120.1~130	7.00	23'0''
130.1~140	7.30	24'0''
140.1~150	7.55	24'10''
150.1~160	7.80	25'8''
160.1~170	8.05	26'6''
170.1~180	8.30	27'2''
180.1~190	8.55	28'0''
190.1~200	8.75	28'10''
200.1~210	9.00	29'6''
210.1~220	9.20	30'2''
220.1~230	9.40	30'10''
230.1~240	9.65	31'8''
240.1~250	9.85	32'4''
250.1~260	10.05	33'0''
260.1~270	10.25	33'8''
270.1~280	10.40	34'2''
280.1~290	10.60	34'10''
290.1~300	10.80	35'6''

例如：一个放射性货包的运输指数为 6，另一个放射性货包的运输指数为 4.5，这两个货包与客舱地板间隔的最小距离及相互之间间隔的最小距离如图 4-12 所示。

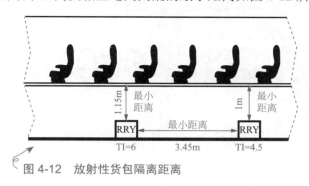

图 4-12　放射性货包隔离距离

（七）作为交运行李的轮椅或其他电池驱动的移动辅助工具的装载

（1）装有密封型湿电池的轮椅/助行器，经营人必须确认：

①电池两极已做防短路保护，例如装在电池容器内；电池牢固地固定在轮椅或助行器

上;电路已断开。

②轮椅或其他电动助行器必须能够避免在行李、邮件或货物移动时受到损坏。

③专门设计的其电池可以由用户取下的电池驱动或其他类似助行器,电池必须取下。轮椅/助行器可以作为交运行李运输而不受限制;被取下的电池必须装入坚固、硬质包装容器在货舱内运输;必须防止电池短路;必须通知机长包装好的电池装载的位置。

(2)装有非密封型电池的轮椅/助行器,经营人必须确认:

①如果轮椅或助行器始终能以直立方式装载、放置、固定或卸机,则电池可以安装在轮椅上。

②如果此轮椅或助行器不能总以直立方式装载、放置、固定或卸机,则必须取下电池。

(3)装有锂电池的轮椅/助行器,经营人必须确认:

①电池必须是符合联合国测试与标准手册第Ⅲ部分38.3节每个实验要求的类型。

②专门设计的其电池可以由用户取下的电池驱动或其他类似助行器,电池必须取下,必须将电池电极绝缘作防短路保护(如用胶带粘住暴露的电极);被取下的电池必须作防止损坏的保护措施(例如每个电池装入一个保护袋中),电池必须在客舱内携带;将电池从设备上取下必须遵从厂家或轮椅所有人的指示;电池不得超过300W•h或设备操作需要安装两个电池,每个电池不得超过160W•h。当一个备用电池最大不得超过300W•h或两个备用电池每个不超过160W•h时可以携带。

(4)为了便于操作装有电池的轮椅或移动辅助工具,可以使用标签来帮助识别是否已经取出轮椅中的电池,示例如图4-13所示。此标签分两部分,A部分粘贴在轮椅上用于注明是否已经取出电池;在电池与轮椅分开运输的特殊情况下,使用B部分来识别电池,同时也可以保证电池和轮椅能够相对应。

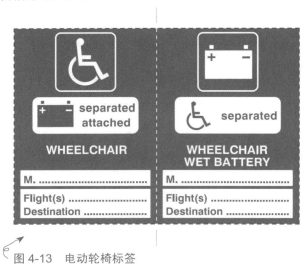

图4-13 电动轮椅标签

(八)自反应物质和有机过氧化物的装载

在装载过程中,含有4.1项的自身反应物质或5.2项的有机过氧化物的包装件或集装器必须避免阳光直射,远离热源并且保持良好通风。

第四节
机长通知单

在拟装运危险物品的飞机起飞前,运营人需要以机长通知单的形式向机长提供相应信息,"特种货物机长通知单"上必要的信息包括:

(1)航班日期。

(2)航空货运单号码。

(3)运输专用名称,UN 编号或 ID 编号,适用的声明。

(4)以数字表示的类别或项别,以及次要危险性,若为 1 类物质应注明配装组。

(5)托运人危险品申报单上所示的包装等级。

(6)(对非放射性物品)包装件的数目、每个包装件的净量或毛重(如适用包括计量单位)及其确切装载位置。

(7)(对放射性物品)包装件、集合包装件(Overpack)或放射性专用货箱的数目、种类、运输指数(如适用)及其确切装载位置。

(8)包装件是否必须仅限货机运输。

(9)包装件卸机机场。

(10)该危险品在某一国家豁免的条件下运输的说明(如适用)。

机长通知单必须用专用表格填写,不得使用"货运单""托运人危险品申报单"及发票等其他表格代替。在收到通知单时,机长必须在副本上签收或以其他方式表明已收到了机长通知单。下面给出"特种货物机长通知单"的样例,如图 4-14 和图 4-15 所示。

SPECIAL LOAD NOTIFICATION TO CAPTAIN(NOTOC) 特种货物机长通知单						Emergency Contact: 紧急联系电话:		

Copy1 第 1 联

Station of Loading 装机站		Flight No 航班号		Date 离港日期	Aircraft Registration 飞机注册号		Prepared by 填表人		Checked by 检查人
DANGEROUS GOODS 危险品				There is no evidence that any damaged or leaking packages containing dangerous goods have been loaded on the aircraft 已装在本架飞机上的危险品的包装件无任何破损或泄露迹象,否则,不得装上飞机。					

Station of Unloading 卸机站	Air Waybill No. 货运单号	Proper Sipping Name 运输专用名称	Class or civ 类、项、组	UN/ID NO. UN UN 编号	Sub.Hazard 次要危险性	No.of Pkgs 包装件数	Type of package 包装类型	Net Qty. Or TI 净量或运输指数	Radioactive Material Catege 放射等级	Packing Group 包装等级	IMP Code 货运代码	CAO 仅限货机	装载位置			Drill Number (ERG Code) 应急代码
													ULD ID 集装器号	Position 位置	Movedto Position 变更	

OTHER SPECIAL LOAD 其他特种货物:

Station of Unloading 卸机站	Air Waybill No. 货运单号	Contents and Description 货物品名及种类	Number of Packages 包装件数	Quanti ty 重量	Supplementary Information 附加说明	Code 代码	ULD ID 集装器号	position 位置	Movedto Position 变更位置
					Temperature Requirement 温度要求:Heating Required for_____ 加温要求(Specfy 制定温度)Cooling Required for_____ 降温要求(Spedy 制定温度)				

Loading Supervisor's Sigrature 监装负责人签字:	Position Moved by 装载位置变更人签字:	Captain's Signature 机长签字:	Contiruing Captain's Signature 接班机长签字:

Copy1:For Original Station 第 1 联:始发站留存	Copy2:For Captain 第 2 联:机长留存	Copy3:For Destiration 第 3 联:目的站留存	Copy4:For Loadmaster 第 4 联:监装人留存

图 4-14 机长通知单正面

危险品包装件的隔离表

Hazard Label	1 excl. 1.4s	2.1	2.2.2.3	3	4.1	4.2	4.3	5.1	5.2	8	9 see 9.3.2.1.3
1 excluding 1.4s	See 9.3.2.2.5	×	×	×	×	×	×	×	×	×	×
2.1	×	—	—	—	—	—	—	—	—	—	×
2.2, 2.3	×	—	—	—	—	—	—	—	—	—	—
3	×	—	—	—	—	—	—	×	—	—	×
4.1	×	—	—	—	—	—	—	—	—	—	×
4.2	×	—	—	—	—	—	—	—	—	—	×
4.3	×	—	—	—	—	—	—	—	×	—	×
5.1	×	—	—	×	—	—	—	—	—	—	×
5.2	×	—	—	—	—	—	—	—	—	—	—
8	×	—	—	—	—	—	×	—	—	—	—
9 see 9.3.2.1.3	×	×	—	×	×	—	—	—	—	—	

注：9 类的隔离仅针对 RBI 及 RBM。

货运代码表（IMP）

代码	全称	代码	全称	代码	全称	代码	全称
CAO	仅限货机	RCL	液化气体	RMD	杂项危险品	HEG	种蛋
DGD	托运人危险品中报单	RFL	易燃液体	MAG	磁性物质	FIL	未显影的胶片
REX	通常禁运的爆炸品	RFS	易燃固体	RSB	聚合颗粒 / 塑料模具组件	HUM	尸体、骨灰
RCX	1.3C 爆炸品	RSC	易自燃物品	ICE	干冰	PER	鲜活易腐物品
RGX	1.3G 爆炸品	RFW	遇湿易燃物品	RBI	P1965IA、IB 锂离子电池	LHO	人体活器官
RXS	1.4S 爆炸品	ROX	氧化剂	RLI	966–967 第 I 部分 锂离子电池	AVI	活体动物
RXB	1.4B 爆炸品	ROP	有机过氧化物	RBM	P1968IA、IB 锂金属电池	EAT	食品
RXC	1.4C 爆炸品	RPB	毒性物质	RLM	及 969–970 第 I 部分锂金属电池		
RCD	1.4D 爆炸品	RIS	A 级感染性物质（UN2814 或 UN2900）	ELI	P1965–967 第 II 部分锂离子电池		
RXE	1.4E 爆炸品	RDS	B 级感染性物质（UN3373）	ELM	P1968–970 第 II 部分锂金属电池		
RXG	1.4G 爆炸品	RRE	放射性物质例外包装件	EBL	P1965 第 II 部分锂金属电池		
RFG	易燃气体	RRW	放射性 I 级白色	EBM	P1968 第 II 部分锂金属电池		
RNG	非易燃、无毒气体	RRY	放射性 II、III 级黄色				
RPG	毒性气体	RCM	腐蚀性物质	REO	例外数量危险品		

图 4-15　机长通知单背面

填写实例如图 4-16 所示。

DANGEROUS GOODS 危险品								There is no evidence that any damaged or leaking packages containing dangerous goods have been loaded on the aircraft 已装在本架飞机上的危险品的包装件无任何破损或泄露迹象，否则，不得装上飞机。						装载位置			
Station of Unloading 卸机站	Air Waybill No. 货运单号	Proper Sipping Name 运输专用名称	Class or civ 类、项、组	UN/ID N0. UN UN 编号	Sub.Hazard 次要危险性	No.of Pkgs 包装件数	Type of package 包装类型	Net Qty. Or TI 净重或运输指数	Radoactive Material Catege 放射等级	Packing Group 包装等级	IMP Code 货运代码	CAO 仅限货机	ULD ID 集装器号	Position 位置	Movedto Position 变更	Drill Number (ERG Code) 应急代码
CDG	1234567	Methyl acetate	3	UN1231	—	10	Fibraboard box	50L	—	II	RFL	×	11L	AA2101		3H

图 4-16　机长通知单填写实例

其中：AA2101 是集装器的代码，11L 代表装载在飞机货舱 11 位置左侧，如图 4-17 所示。

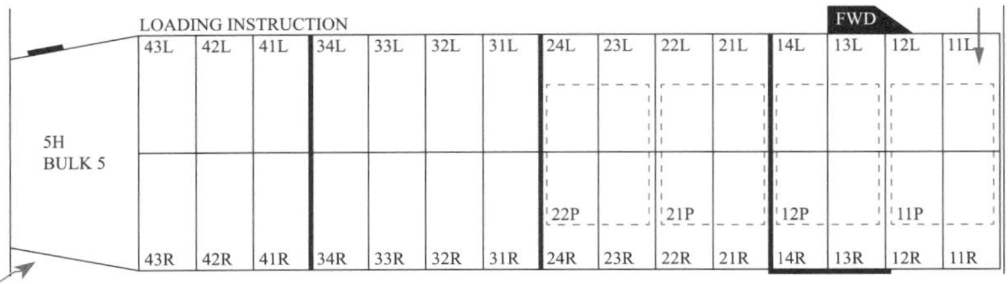

图 4-17　货舱位置图

📖 **本章小结**

本章讨论了危险品的操作——收运、存储和装载,介绍了收运的一般规定和收运检查单的使用,讲解了危险品仓库管理和装载要求,着重介绍了几种特殊危险品的存储和隔离要求,讲解了机长通知单。这部分内容对客舱机组成员的要求为了解即可,通过学习,可以让乘务人员知道航班货舱内是如何装载危险品的,也明确它们的装载是有严格要求的,对整个危险品货物运输有整体的认识。

❓ **思考与练习**

一、简答题

1. 危险品操作的基本原则是什么?

2. 特种货物机长通知单的内容有哪些?

3. 低温液体装载时有哪些特殊要求?

二、判断题

1. 彼此可能发生危险反应的危险品包装件不得在飞机上靠在一起码放。　　　　　(　　)

2. 有液体向上标签的包装件在操作时必须按此标签进行码放和装载。　　　　　(　　)

3. 1.4S 的爆炸品必须与其他货物隔开。　　　　　(　　)

4. 一个放射性货包的运输指数为 3,此货包的上表面离客舱地板的距离应该至少应该间隔 0.5m。　　　　　(　　)

5. 旅客托运的电动轮椅的锂电池拆下来后必须托运,不得带入客舱。　　　　　(　　)

6. 干冰对于活体动物存在两种危险性,一是释放的二氧化碳气体使动物窒息;二是使动物处于低温环境。因此干冰和活体动物不得相邻放置。　　　　　(　　)

7. 在存储过程中需要远离热源,避免阳光直射,放置在通风良好环境的危险品是自反应物质和有机过氧化物。　　　　　(　　)

8. 贴有Ⅲ级黄色标签的包装件,运输时间 8h,与活体动物需要隔离 1m。　　　　　(　　)

9. 装有汽油的包装件可以和装有氧化剂的包装件可以相邻码放。　　　　　(　　)

10. 装有硫酸的包装件和装有金属钠的包装件不可以相邻码放。　　　　　(　　)

第五章

危险品的运输限制

在危险品运输方面,某些危险品过于危险而不能用航空器载运,另外有些危险品只能由货机载运,还有某些危险品客机和货机都可以运输。客运方面,有些危险品是旅客和机组旅行中必须使用的物品,在符合国际民航组织相关规定的前提下,允许在手提或托运行李中携带。各国及经营人可以根据自己的情况做出更严格的限制。

第一节
航空禁止运输及限制运输的危险品

大部分危险品经过正确的分类、包装后,其危险性处于可控的范围内,可以通过航空器安全运输。但是也有一些危险品过于危险,不能用航空器载运,或者有些危险品只有在特定情况下可以载运,有些危险品可以通过航空邮件运输,经营人资产中的危险品在运输中有时不需遵守危险品运输规则,本节来分别讨论一下这些情况。

一、航空禁运的危险品

禁运的危险品是针对那些危险性特别大的危险品,又分为两种情况:一种是任何情况下都禁止航空运输的危险品;另一种是经豁免或批准可以运输的危险品(相对禁运的危险品)。

(一)任何情况下都禁止航空运输的危险品

提交运输的在正常运输条件下容易发生爆炸、危险性反应、起火或产生导致危险的热量、散发导致危险的毒性、腐蚀性或易燃性气体或蒸气的任何物品或物质,在任何情况下都禁止航空运输。

在 DGR 的危险品品名表中列出了一些属于上述范围的危险品。这些危险品没有 UN 编号并注明了"Forbidden"字样。例如:Acetylene silver nitrate 在任何时候,客货机中均禁止运输,见表 5-1。

危险品品名表示例一　　　　表 5-1

UN/ID no.	Proper Shipping Name/Description	Class or Div. (sub Hazard)	Hazard Label (s)	PG	Passenger and Cargo Aircraft					Cargo Aircraft Only			
					EQ see 2.6	Ltd Qty		Pkg Inst	Max Net Qty / Pkg	Pkg Inst	Max Net Qty / Pkg	S.P. see 4.4	ERG Code
						Pkg Inst	Max Net Qty / Pkg						
A	B	C	D	E	F	G	H	I	J	K	L	M	N
	Acetylene silver nitrate						Forbidden		Forbidden		Forbidden		

部分已知符合以上描述的危险品已包含在危险品品名表中,但是危险品品名表中不可能将所有在任何情况下均禁止航空运输的危险品全部列出,因此,为保证如上所述的危险性物品不交付运输,必须适当谨慎注意。

（二）经豁免或批准可以运输的危险品

1. 经豁免可以运输的危险品

有些危险品在一般情况下禁止运输，但在特别紧急的情况下，或当其他运输方式不适宜时，或当完全遵守规定的要求违背公众利益时，在尽一切努力保证运输整体安全水平与DGR所规定的安全水平相当的前提条件下，有关国家可对DGR中的规定给予豁免。

例如表5-2中的气溶胶，一般情况下是禁止运输的，但在有国家豁免的情况下可以紧急运输。跟绝对禁运的危险品不同，它有品名和UN编号。

危险品品名表示例二　　　　　　　　表 5-2

UN/ID no.	Proper Shipping Name/Description	Class or Div. (sub Hazard)	Hazard Label (s)	PG	Passenger and Cargo Aircraft						Cargo Aircraft Only		S.P. see 4.4	ERG Code
					EQ see 2.6	Ltd Qty								
						Pkg Inst	Max Net Qty /Pkg	Pkg Inst	Max Net Qty /Pkg		Pkg Inst	Max Net Qty /Pkg		
A	B	C	D	E	F	G	H	I	J		K	L	M	N
1950	Aersols,non−flammable, containing substances in class 8,Packing Group II	2.2(8)				Forbidden		Forbidden			Forbidden			2C

经豁免的危险品应随附豁免文件，豁免文件至少应该包括：

（1）联合国编号UN或识别编号ID、运输专用名称和类别。

（2）包装及适用的数量。

（3）任何特别操作要求，任何特别应急反应信息。

（4）收货人及发货人的姓名和地址。

（5）始发地及目的地机场，飞行路线，运输日期。

（6）豁免的有效期限。

经豁免可以运输的航空禁运危险品有下面几种情况。

（1）下列放射性物品：

①带通气设施的B（M）型包装件。

②需要辅助冷却系统进行外部冷却的包装件。

③在运输过程中需要操作控制的包装件。

④爆炸品。

⑤可自燃的液体。

（2）除非另有规定，在危险品表中标明禁止运输的，带联合国编号的物品和物质（包括被注明"未另详述 n.o.s"的物品）。

（3）被传染的活体动物。

（4）需要Ⅰ级包装的具有蒸气吸入毒性的液体。

（5）交运温度等于或高于100℃的液态物质或温度等于或高于240℃的固态物质。

（6）国家有关当局指定的任何其他物品或物质。

2. 经批准可以运输的危险品

一些按照《技术细则》要求通常情况下不能实施航空运输的危险品，如具有一定特殊危险性的危险品（如奥运火炬等），或具有一定危险性但通过专门的措施可以保证安全的危险品（如原型样品锂电池）等，如果国家主管当局认为托运人已经按照要求采取了这些保障措施，则可以通过颁发批准的形式允许托运人和航空公司对这些危险品实施航空运输。

（1）例如表 5-3 采用 UN3295 碳氢化合物燃料的象征性火焰的火种灯，本身是不允许客机运输的，但是根据 A324 的特殊规定，获得有关国家当局的批准，则可以由旅客作为随身行李携带。

危险品品名表示例三　　　　　　　　表 5-3

UN/ID no.	Proper Shipping Name/Description	Class or Div. (sub Hazard)	Hazard Label (s)	PG	EQ see 2.6	Passenger and Cargo Aircraft					Cargo Aircraft Only		S.P. see 4.4	ERG Code
						Ltd Qty								
						Pkg Inst	Max Net Qty /Pkg	Pkg Inst	Max Net Qty / Pkg		Pkg Inst	Max Net Qty /Pkg		
A	B	C	D	E	F	G	H	I	J		K	L	M	N
3295	Hydrocarbons, liquid, n.o.s.	3	Flamm. liquid	I	E3	Forbidden		351	1L		361	30L	A3	3H
				II	E2			353	5L		364	60L	A324	3H
				III	E1	Y341	1L	355	60L		366	220L		3L
						Y344	10L							

A324 为了运输象征性的火焰，有关的始发国、目的地国和经营人国可以批准运输用 UN1223- 煤油，或 UN3295- 碳氢化合物，液体，n.o.s 燃料的火种灯，这些火种灯只由旅客作为手提行李携带。灯必须是"戴维"型或其他类似的器具。此外，以下条件是应遵守的最低条件：

①不多于 4 个火种灯可携带到飞机上。

②火种灯的燃料数量，最多是其航行期间所需的燃料数量，而且燃料必须含在防漏的容器内。

③火种灯必须固定。

④当在飞机上时，火种灯必须在一个随同人的持续监管之下，并且监管人不是当班机组的成员。

⑤火种灯可以由随同的人点燃，但不得在飞机上充注燃料。

⑥所有时间在随同人员可达到的范围内至少有一个灭火器。 此随同人员必须经过使用灭火器的训练。

⑦必须给机组成员关于携带的火种灯的口头简要通知，必须为机长提供一份批准的复印件。

⑧必须在机长通知单上填妥相应的信息。

（2）例如表 5-4 安装在设备中的锂电池在运输中都必须要经过联合国《实验和标准手册》38.3 节的要求进行过测试并满足要求，但如果是批量生产前的原型锂电池或电池芯，根据 A88 的特殊规定，在满足《技术细则》的包装说明 910 中的要求并且得到始发国当局批准情况下，可以由货机运输。

危险品品名表示例四　　　　　　　　表 5-4

UN/ID no.	Proper Shipping Name/Description	Class or Div. (sub Hazard)	Hazard Label (s)	PG	EQ see 2.6	Passenger and Cargo Aircraft					Cargo Aircraft Only		S.P. see 4.4	ERG Code
						Ltd Qty								
						Pkg Inst	Max Net Qty /Pkg	Pkg Inst	Max Net Qty / Pkg		Pkg Inst	Max Net Qty /Pkg		
A	B	C	D	E	F	G	H	I	J		K	L	M	N
3481	Lithium ion batteries packed with equipment +(including lithium ion pdymer batteries)	9	Miscellaneous lithium batt		E0	Forbidden		966	5kg		966	35kg	A88 A99 A154 A164 A181 A185 A206 A213	12FZ

A88 批量生产之前的原型锂电池或电池芯,当出于试验目的予以运输时或低产量(即年度生产量不超过 100 个)的锂电池或电池芯,没有经过联合国《试验和标准手册》38.3 节的要求进行过测试的,如果经始发国有关当局批准并且满足《技术细则补篇》的包装说明 910 中的要求,可仅限货机运输。

一套批准文件必须伴随货物运输并注明在托运人申报单上。

尽管在 4-2 表 L 栏中有限制,但准备运输的电池或电池组件的重量可以超过 35kg。

二、邮件中的危险品

根据《万国邮政公约》规定,除下列物品,不得通过航空邮件邮寄危险品或在航空邮件中夹带危险品,不得将危险品匿报或者谎报为非危险品作为航空邮件邮寄。

(1)感染性物质,仅限于生物物质,B 级(UN3373),且按照包装要求 650 进行包装;和用作感染性物质(UN3373)制冷剂的固体二氧化碳(干冰)。

(2)病患标本,病菌存在可能性很低,并按照规定进行分类、包装及做标记。

(3)放射性物质,仅限例外包装件中的 UN2910 和 UN2911,其活度不超过允许值的十分之一。

(4)安装在设备中的锂离子电池(UN3481),符合包装说明 967 第 II 部分规定,且不超过 4 个电池芯或 2 个电池的,可以在任何单个包装件中邮寄。

(5)安装在设备中的锂金属电池(UN3091),符合包装说明 970 第 II 部分规定,且不超过 4 个电池芯或 2 个电池的,可以在任何单个包装件中邮寄。

指定的邮政部门未得到民航部门特定批准时可以接收(1)、(2)和(3)中的危险品,但是必须经过民航部门的批准后才可以接受(4)和(5)的锂电池。

注意:鉴于中国邮政部门现今并没有通过民航局的批准,所以中国邮政收运的邮件中是不允许接收锂电池相关产品的,而根据中国邮政的差异化规定,不收运前三项危险品,即中国始发的邮件中不许夹带任何危险品。

三、经营人资产中的危险品运输

经营人资产是指航空公司每天都在处理和使用的物品和物质,符合特定条件的公司资产可以不受危险品运输规则限制,但大部分和其他危险品一样,要遵守相关的文件、包装、标记、标签、存储和装卸等要求。

不受 DGR 限制的经营人资产有下面情况:

(1)航空器设备。

(2)消费品。

(3)固体二氧化碳(干冰)。

(4)电池供电的电子设备。

除非经营人所属国家另有授权,运输用以替换上述(2)、(3)和(4)物品和物质的物品和物质,或被替换下来的所述物品和物质运输时,必须遵守《危险品规则》的规定。关于本部分的具体内容参看第一章第二节。

四、例外数量的危险品

有些类型的危险品,当运输量很小时,危险性也相应减小,此类危险品称为例外数量危险品(Excepted Quantities),在运输时不需要填写危险品申报单。但不是所有的危险品都能以例外数量的形式进行运输。例外数量危险品不允许作为交运行李或手提行李,也不允许放在邮件中运输。

(一)允许以例外数量运输的危险品

(1)无次要危险性的 2.2 项的物质,但不包括 UN1043、UN1044、UN1950、UN2037、UN2073、UN2857、UN3164、UN3500 和 UN3511。

(2)第 3 类物质,所有包装等级,不包括具有次要危险性的包装等级为 I 级的物质和 UN1204、UN2059、UN3473。

(3)第 4 类物质,包装等级 II 级和III级,但不包括所有自反应物质和 UN2555、UN2556、UN2557、UN2907、UN3292、UN3476。

(4)5.1 项的物质,包装等级 II 级和III级。

(5)仅限于装在化学品箱、急救箱或聚酯树脂箱中的 5.2 项物质。

(6)除了包装等级 I 级具有吸入毒性的物质外,所有 6.1 项中的物质。

(7)第 8 类物质,包装等级 II 级和III级,但 UN1774、UN2794、UN2795、UN2800、UN2803、UN2809、UN3028、UN3477 和 UN3506 除外。

(8)除固体二氧化碳、转基因生物、转基因微生物以外的第 9 类的物质,不包括所有物品。

注:以上类别、项别和包装等级的物品和物质也可以是放射性物品例外包装件。

(二)数量限制

危险品例外数量允许的净含量在品名表中的 E 栏中用符号 E0 ~ E5 表示,例外数量的危险品内包装和每个包装件的最大允许净数量的具体数值见表 5-5。

例 外 数 量 代 号 表 5-5

EQ 代号	每一内包装最大净数量	每一外包装最大净数量
E0	不允许	
E1	30g/30mL	1kg/1L
E2	30g/30mL	500g/500mL
E3	30g/30mL	300g/300mL
E4	1g/1mL	500g/500mL
E5	1g/1mL	300g/300mL

例外数量危险品示例,见表 5-6。

表 5-6 中的危险品 UN3274 在 E 栏中的符号为 E2,代表这种危险品在用例外数量运输时,最大允许的净含量为每个内包装 30mL,每个外包装 500mL。

例外数量危险品示例

表 5-6

UN/ ID no. A	Proper Shipping Name/Description B	Class or Div. (Sub Hazard) C	Hazard Label (s) D	PG E	EQ See 2.6 F	Passenger and Cargo Aircraft				Cargo Aircraft Only		S.P. See 4.4 M	ERG Code N
						Ltd Qty							
						Pkg Inst G	Max Net Qty/Pkg H	Pkg Inst I	Max Net Qty/Pkg J	Pkg Inst K	Max Net Qty/Pkg L		
3274	Alcoholate solution, n.o.s. ★ In alcohol	3(8)	Flamm. liquid & Corrosive	II	E2	Y340	0.5L	352	1L	363	5L		3C

（三）包装要求和包装标记

例外数量的包装件要求使用三层包装（内包装、中层包装和外包装），以及吸附材料，以保证例外数量的危险品安全运输。例外数量的包装件还需要进行跌落和堆码试验，跌落试验要求从 1.8m 高度跌落至一个坚硬、无弹性、平坦的水平面。堆码试验要求在持续 24h 内对试样顶面施加一个等于同样包装件（包括试样）堆码到 3m 高度总质量的力。

含例外数量危险品的包装件必须标示耐久、清晰的标记，如图 5-1 所示。

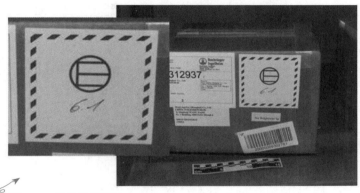

图 5-1　例外数量标记

五、限制数量的危险品

对于某些危险品，如果在适当有限的数量下运输时呈现出危险性减小的特点，可以使用指定类型的高质量但并未经过相应的联合国测试的包装。

（一）允许以限制数量运输的危险品

只有被允许由客机载运并符合下列类别、项别和包装等级（如适用）的危险品才可按有限数量的危险品的规定进行载运。

（1）第 2 类：仅 2.1 项和 2.2 项的 UN1950，无次要危险的 2.1 项和 2.2 项的 UN2037，UN3478 和 UN3479。

（2）第 3 类：包装等级为 II 级和 III 级的易燃液体和 UN3473。

（3）第 4 类：4.1 项中包装等级为 II 级和 III 级的易燃固体，自反应物质除外（不考虑等级）；4.3 项中包装等级为 II 级和 III 级的物质，只限固体和 UN3476。

（4）第 5 类：5.1 项中包装等级为 II 级和 III 级的氧化性物质；5.2 项中仅限包装在化学品箱或急救箱内的有机过氧化物。

（5）第 6 类：6.1 项中包装等级为 II 级和 III 级的毒性物质。

（6）第 8 类：包装等级为 II 级和 III 级的第 8 类腐蚀性物质和 UN3477，但不包括 UN2794、UN2795、UN2803、UN2809、UN3028 和 UN3506。

（7）第 9 类：仅限二溴二氟甲烷（UN1941），苯甲醛（UN1990）、硝酸铵肥料（UN2071）、环境危害物质，固体，n.o.s（UN3077），环境危害物质，液体，n.o.s（UN3082）化学品箱或急救箱（UN3316），航空限制的液体（UN333），航空限制的固体 UN3335 和日用消费品（ID8000）。

（二）数量限制

限制数量的危险品包装件的毛重不得超过 30KG。每个包装件的净数量不得超过危险品表 H 栏标示的数量，见表 5-7。

品 名 表 示 例   表 5-7

UN/ ID no.	Proper Shipping Name/Description	Class or Div. (Sub Hazard)	Hazard Label (s)	PG	EQ See 2.6	Passenger and Cargo Aircraft				Cargo Aircraft Only		S.P. See 4.4	ERG Code
						Ltd Qty							
						Pkg Inst	Max Net Qty/Pkg	Pkg Inst	Max Net Qty/Pkg	Pkg Inst	Max Net Qty/Pkg		
A	B	C	D	E	F	G	H	I	J	K	L	M	N
3274	Alcoholate solution, n.o.s ★ In alcohol	3(8)	Flamm. liquid & Corrosive	II	E2	Y340	0.5L	352	1L	363	5L		3C

（三）包装要求和标记

有限数量的危险品，应按照危险品表中 G 栏内的前缀为"Y"的有限数量包装说明的要求进行包装。必须要用组合包装，不允许使用单一包装。且需要经过在 1.2m 高度最易造成最大损坏的位置跌落于坚硬的、无弹性的水平表面上的跌落试验和在其顶部承受 24h 堆码高度为 3m 的堆码试验。试验后，内包装不得有破损或泄漏迹象，此类包装才是符合要求的。

限量包装件外表面必须标有相应的标记，如图 5-2 所示。

图 5-2 有限数量标记

第二节
旅客和机组随身携带危险品的限制

引例　2014年11月28日晚17点30分,安徽省立医院血液科严医生携带造血干细胞,计划乘坐当日幸福航空JR1532航班由郑州飞往合肥,为躺在手术台上等待手术的白血病患者提供急需的造血干细胞,但是医务人员在准备上飞机的时候,却遭遇了幸福航空公司的拒绝。为何航空公司要"拦截"宝贵的生命通道?

严医生:领取登机牌后就是安检,因为我携带的造血干细胞不能通过X线照射,于是我就直接去联系了当时机场的工作人员,给他出示了免除安检的证明信。值机柜台的工作人员说,还需要跟航空公司进行沟通,于是我拨打了幸福航空的客服电话,但是幸福航空最终拒绝造血干细胞上飞机。

由于机场安检的X光会损坏造血干细胞的活性,民航局和红十字会曾经联合发出通知,要求造血干细胞运送箱可以免于安检。严医生在机场特殊器材登记本上也看到,曾经有过几十例携带造血干细胞登机的记录。然而严医生在幸福航空公司客服得到的却是冷冰冰的拒绝。

严医生:第一次打通我记得30多秒,我说我在机场,然后莫名其妙就挂断了。第二次打通我就说我要送造血干细胞,跟他强调救人的紧迫性,跟他说明我遇到的障碍。但是,他先说请示领导,然后说公司有规定不能登机。

严医生随后又紧急拨打河南红十字会、安徽红十字会和安徽省立医院电话请求支援。打电话、发微博、求助朋友……身在郑州机场的严医生尝试了一切方法,说明造血干细胞混悬液独立包装无污染无辐射救人一命的重要性,一边与幸福航空公司联系,可打了一个小时,不是占线,就是无人接听,直到19:35打通电话说明情况时,已经错过了登机时间。

严医生:电话打到我手机都没电了。我又积极跟机场交流,希望得到机场的帮助,因为大部分(干细胞)都是从这里送出去的,但是他们领导没有露面。

飞机不等人,手术台也不等人。在采集造血干细胞的同时,病人已经被推到手术台上,每一分钟都关乎生命。

安徽省立医院血液科住院总张医生:患者在采集前十天就开始预处理了。预处理一上,就像开弓的箭,回不了头。如果排到当天要输干细胞,输不上的时候,那么这个病人基本必死无疑。

直到7点40分,眼看着飞机在轰鸣声中离开,在与医院联系并告知病人家属实情后,严医生作出一个决定:包车回合肥,终于在第二天凌晨2点多达到合肥。在延迟了5个多小时后,手术终于顺利进行。

✈ 一、旅客和机组人员携带危险品的规定

在航空运输中，考虑到危险品会对飞行安全构成一定程度的威胁，危险品按理说不得由旅客或机组人员放入或作为交运行李或手提行李携带。但是考虑到有些危险品是旅客旅行和生活中常规使用的物品（如手机、充电宝、酒精饮料及一些化妆用品等）或紧急的物品，在风险能够掌控的范围内应该予以携带，但到底哪些危险品可以携带，而哪些危险品禁止携带，这需要有明确的规定。为了在方便旅客的同时保障飞行安全，ICAO 对旅客和机组人员可以随身携带的危险品做了相应的限制。

（一）旅客和机组禁止携带的危险品

（1）内装锂电池或烟火材料等危险品的公文箱、现金箱、现金袋等保密型设备。
（2）带刺激性或使人丧失行为能力的装置（如梅斯毒气、胡椒喷雾器等）。
（3）使用液氧的个人医用氧气装置。
（4）含有诸如爆炸品、压缩气体、锂电池等危险品的电击武器（如泰瑟枪 Taser）。

（二）经航空公司批准，仅可作为交运行李接收的物品

（1）弹药。
（2）装有密封型湿电池或符合特殊规定 A123 或 A199 电池的轮椅 / 助行器。
（3）装有非密封型电池的轮椅 / 助行器。
（4）装有锂电池的轮椅 / 助行器。
（5）野营炉以及装有易燃液体燃料的燃料容器。
（6）符合相关规定的保安型设备。

（三）经航空公司批准，仅可作为手提行李接收的物品

（1）水银气压计或温度计。
（2）备用锂电池。

（四）经航空公司批准，既可交运又可手提的物品

（1）医用氧气。
（2）安装在设备上的小型非易燃气罐。
（3）雪崩救援背包。
（4）化学品监视设备。
（5）固体二氧化碳（干冰）。
（6）产生热量的物品。
（7）锂电池供电的电子设备。

（五）无须运营人批准可接收的物品

（1）药品或化妆品。
（2）属于 2.2 项的气溶胶。
（3）用于机械假肢的气瓶。

（4）心脏起搏器／放射性药剂。

（5）医用／临床用温度计。

（6）安全火柴或打火机。

（7）酒精饮料。

（8）卷发器。

（9）内含电池的轻便电子装置（包括医疗装置）。

（10）轻便电子设备中的燃料电池。

（11）节能灯。

（12）含冷冻液氮的隔热包装（液氮干装）。

（13）含密封型电池的轻便电子装置。

（14）与少量易燃液体一起包装的非感染性样本。

（15）内燃机或燃料电池发动机。

（16）渗透装置。

（17）含电池的电子香烟。

这些限制汇总在表 5-8 中。实际工作中，必须严格遵守此规章制度，保障飞行安全。有时，中国民航相关法律法规或者航空公司会有差异化的规定，这些差异化规定比表 5-8 更为严格，比如中国民航的限液令和禁火令。此种情况，则应该按照中国民航或者相应航空公司的规定来执行。

危险品不得由旅客或机组人员放入或作为交运行李或手提行李携带，表 5-8 所示的例外。

旅客与机组人员携带危险品的规定　　　　　　表 5-8

	必须通知机长装载位置			
	允许在手提行李中或作为手提行李			
	允许在交运行李中或作为交运行李			
	需由经营人批准			
酒精饮料 Alcoholic Beverages 在零售包装内体积浓度在 24% 以上但不超过 70% 的酒精饮料，装于不超过 5L 的容器内，每个人携带的总净数量不超过 5L。	否	是	是	否
△ 安全包装的弹药 Ammunition, Securely Packaged（只限 1.4S UN0012 和 UN0014），仅限本人自用，每人携带毛重不超过 5kg。一人以上所携带的弹药不得合并成一个或数个包件。	是	是	否	否
雪崩救援背包 Avalanche Rescue Backpack 每人允许携带一个。含有 2.2 项压缩气体的气瓶。也可装备有净重小于 200mg1.4S 项物质的焰火引发装置。这种背包的包装方式必须保证不会意外开启。背包中的气囊必须装有减压阀。	是	是	是	否
□ 安装了锂电池的行李 Baggage with Installed Lithium Batteries 电池不可拆卸且超过 0.3g 锂金属含量或 2.7Wh。	禁止			
□ 安装了锂电池的行李 Baggage with Installed Lithium Batteries： •电池不可拆卸。锂金属电池锂金属含量不超过 0.3g 或锂离子电池不超过 2.7Wh。 •电池可拆卸。如果行李交运则必须卸下电池，卸下的电池必须带入客舱。	否	是	是	否

	必须通知机长装载位置	允许在手提行李中或作为手提行李	允许在交运行李中或作为交运行李	需由经营人批准
电池, 备用/零散的, 包括锂金属或锂离子电池芯或电池 Batteries, Spare/Loose, Including Lithium Metal or Lithium Ion Cells or Batteries 便携式电子设备所用电池只允许旅客在手提行李中携带。对于锂金属电池, 锂金属含量不能超过 2g, 对于锂离子电池, 额定瓦特小时不能超过 100Wh。主要作用是作为电源的制品, 如移动电源视为备用电池。这些电池必须单独保护以防止短路。每人可最多携带 20 块备用电池。 * 经营人可以批准携带超过 20 块电池。	否	否	是	否
野营炉具和装有易燃液体燃料的燃料罐 Camping Stoves and Fuel Containers that have contained a Flammable Liquid Fuel 带有空燃料罐和/或燃料容器(详见 2.3.2.5)。	是	是	否	否
化学品监视设备 Chemical Agent Monitoring Equipment 由禁止化学武器组织(OPCW)的官方人员公务旅行携带的(见 2.3.4.4)。	是	是	是	是
使人丧失行为能力的装置 Disabling Devices 含有刺激性和使人丧失行为能力的物质, 如催泪瓦斯、胡椒喷雾剂等, 禁止随身、放入交运行李和手提行李中携带。	禁止			
干冰(固体二氧化碳)Dry Ice(Carbon Dioxide, Solid)用于不受本规则限制的鲜活易腐食品保鲜的干冰, 每位旅客携带不得超过 2.5kg, 可以作为手提或交运行李, 但包装要留有释放二氧化碳气体的通气孔。交运的行李必须标注"干冰"或"固体二氧化碳"及其净重, 或注明干冰小于或等于 2.5kg。	是	是	是	否
电子香烟 E-cigarettes 含有电池的(包括电子雪茄、电子烟斗、其他私人用汽化器)必须单独保护以防意外启动。	否	否	是	否
电击武器 Electro Shock Weapons(如泰瑟枪)含有诸如爆炸品、压缩气体、锂电池等危险品, 禁止放入手提行李或交运行李或随身携带。	禁止			
含有燃料的燃料电池 Fuel cells 为轻便电子装置供电(如: 照相机、手机、笔记本电脑及小型摄像机等), 详见 2.3.5.10。	否	否	是	否
备用燃料电池罐 Fuel Cell Cartridges, Spare 为便携式电子设备供电, 详见 2.3.6.10	否	是	是	否
小型非易燃气罐 Gas Cartridges, Small, Non-flammable 安装在自动充气安全设备, 如救生衣或背心上的装有二氧化碳或其他 2.2 项气体的小型气罐, 每个设备携带不超过 2 个气罐。每位旅客携带不超过 1 个设备和不超过 2 个备用小型气罐。不超过 4 个其他设备用的水容量最多 50mL 的气罐。(见 2.3.4.2)	是	是	是	否
非易燃无毒气体气瓶 Gas Cylinders, Non-flammable, non-toxic 用于操作机械假肢的气瓶。以及, 为保证旅途中使用而携带的大小相仿的备用气瓶。	否	是	是	否
含有烃类气体的卷发器 Hair Curlers Containing Hydrocarbon Gas 如果卷发器的加热器上装有严密的安全盖, 则每名旅客或机组人员最多可带一个。这种卷发器任何时候都禁止在航空器上使用, 其充气罐不准在手提行李或交运行李中携带。	否	是	是	否
产生热量的物品 Heat Producing Articles 如水下电筒(潜水灯)和电烙铁(详见 2.3.4.6)。	是	是	是	否
含有冷冻液氮的隔热包装 Insulated Packagings Containing Refrigerated Liquid Nitrogen(液氮干装)液氮被完全吸附于多孔物质中, 内装物仅为非危险品。	否	是	是	否
内燃机或燃料电池发动机 Internal Combustion or Fuel Cell Engines 必须符合 A70(详见 2.3.5.15)	否	是	否	否
节能灯 Lamps, Energy Efficient 个人或家庭使用的装在零售包装内的节能灯。	否	是	是	否

续上表

	必须通知机长装载位置	允许在手提行李中或作为手提行李	允许在交运行李中或作为交运行李	需由经营人批准
锂电池:装有锂电池的保安型设备 Lithium Batteries：Security-type Equipment Containing Lithium Batteries（详见 2.3.2.6）	是	是	否	否
锂电池:含有锂金属或锂离子电池芯或电池的便携式电子设备（PED）Lithium Batteries：Portable Electronic Devices（PED）Containing Lithium Metal or Lithium Ion Cells or Batteries,包括医疗设备如旅客或机组人员携带的供个人使用的便携式集氧器（POC）和消费电子产品,如照相机、移动电话、笔记本电脑和平板电脑（见 2.3.5.9）。锂金属电池的锂含量不得超过 2g,锂离子电池的瓦时数不得超过 100Wh。在交运行李中的设备必须完全关闭并且加以保护防止损坏（不能为睡眠或休眠模式）。每人可最多携带 15 台 PED。 * 经营人可以批准携带超过 15 台 PED。	否	是	是	否
锂电池:备用／零散的,包括移动电源,见电池,备用／零散的				
锂电池供电的电子设备 Lithium Battery-powered Electronic Devices 供便携式电子设备（包括医用）使用的瓦特小时大于 100Wh 但不大于 160Wh 的锂离子电池。锂金属含量超过 2g 但不超过 8g 的仅供便携式医疗电子设备专用的锂金属电池。在交运行李中的设备必须完全关闭并且加以保护防止损坏（不能为睡眠模式或休眠模式）。	是	是	是	否
锂电池:备用／零散的 Lithium Batteries,Spare/Loose 消费类电子装置和便携式医疗电子设备（PMED）使用的瓦特小时大于 100Wh 但不大于 160Wh 的锂离子电池,或仅供便携式医疗电子设备（PMED）专用的锂金属含量超过 2g 但不超过 8g 的锂金属电池。最多 2 个备用电池仅限在手提行李中携带。这些电池必须单独保护以防短路。	是	否	是	否
△ 安全火柴（一小盒）或一个小型香烟打火机 Matches，Safety（one small packet）or a Small Cigarette Lighter 个人使用带在身上的不含未被吸附的液体燃料且非液化气体的打火机。打火机燃料或燃料充装罐不允许随身携带,也不允许放入交运行李或手提行李中。 注:"即擦式"火柴、"蓝焰"或"雪茄"打火机或无安全帽／防止意外启动保护措施的锂电池驱动的打火机禁止运输。	否	带在身上		否
△ 助行器 Mobility Aids:装有密封型湿电池或符合特殊规定 A123 或 A199 电池的电动轮椅或其他类似助行器（见 2.3.2.2）。	是	是	否	是
助行器 Mobility Aids:装有非密封型电池或锂电池的轮椅或其他类似电动助行器（详见 2.3.2.3 和 2.3.2.4）。	是	是	否	是
非放射性药品或化妆用品 Non-radioactive Medicinal or Toiletry Articles（包括气溶胶）如发胶、香水、科隆香水以及含酒精的药品。	否	是	是	否
2.2 项 非易燃无毒的气溶胶 Non-flammable，Non-toxic Aerosols in Division 2.2 无次要危险性,体育运动用或家用。 非放射性药品和化妆用品和 2.2 项非易燃无毒的气溶胶总净数量不得超过 2kg 或 2L,每单个物品的净数量不得超过 0.5kg 或 0.5L。气溶胶阀门必须有盖子或用其他方法保护,以防止意外打开阀门释放内容物。	否	是	否	否
氧气或空气气瓶 Oxygen or air，gaseous，cylinders 用于医学用途,气瓶的毛重不得超过 5kg。 注:液态氧装置禁止运输。	是	是	是	否
渗透装置 Permeation devices 必须符合 A41（详见 2.3.5.16）。	否	是	否	否

续上表

	必须通知机长装载位置				
	允许在手提行李中或作为手提行李				
	允许在交运行李中或作为交运行李				
	需由经营人批准				
	含有密封型电池的便携式电子设备 Portable Electronic Devices Containing Non-spillable batteries 电池必须符合 A67 且等于或小于 12V 和等于或小于 100Wh。最多可携带 2 个备用电池（详见 2.3.5.13）。	否	是	是	否
△	放射性同位素心脏起搏器 Radioisotopic Bardiac Pacemakers 或其他装置，包括那些植入体内或体外安装的以锂电池为动力的装置。	否	带在身上		否
	保险型公文箱、现金箱、现金袋 Security-type attacheCases，Cash boxes，Cash Bags 除 2.3.2.6 节以外，装有锂电池和 / 或烟火材料等危险品，是完全禁运的。见 DGR4.2 危险品表中的条目。	禁止			
	非感染性样本 Specimens，Non-infectious 与少量易燃液体包装在一起，必须符合 A180（详见 2.3.5.14）。	否	是	是	否
	医疗或临床用温度计 Thermometer，Medical or Clinical 含汞，个人使用每人允许携带一支，放在保护盒内。	否	是	否	否
	水银气压计或温度计 Thermometer or Barometer，Mercury Filled 由政府气象局或其他类似官方机构携带的（详见 2.3.3.1）	是	否	是	是

注：1. 表格中所标的参见标号如 2.3.2.6 等为 IATA-DGR 对应的内容的章节条款编号。

2. 表格中△代表此条目与上一版本的《危险品规则》相比有所修改，□代表此条目为新增条目。

3. 此表格的规定可能受到国家及经营人差异限制。

4. 旅客应查询其乘坐航班所在航空公司的现行规定。

二、常见的旅客和机组人员携带危险品示例

（一）温度计（表 5-9）

携带温度计的规定　　　　　　　　　　表 5-9

	必须通知机长装载位置				
	允许在手提行李中或作为手提行李				
	允许在交运行李中或作为交运行李				
	需由经营人批准				
	医疗或临床用温度计 Thermometer，Medical or Clinical 含汞，个人使用每人允许携带一支，放在保护盒内	否	是	否	否

图 5-3　温度计

平时家用的温度计（图 5-3），危险性在于其中的汞（俗称水银），如果温度计破碎，水银极易挥发，在常温下即可由液态变为气态，形成水银蒸气，而其密度比空气大，变成气态后又很容易沉积下来，这就使散落的汞起起落落，无处不在，弥散在密闭的飞机客舱内极难清除，而汞蒸气是有慢性剧毒的，对旅客和机组人员的健康有威胁，同时汞还有腐蚀性，会对飞机上的零部件和电子设备带来损

害,所以千万不要小看一支小小的水银温度计。如果携带水银温度计乘坐飞机,请勿必放在保护盒里托运或者选择无汞的数字体温计(可以随身携带)。

（二）干冰（表 5-10）

携带干冰的规定　　　　　　　　　　　　　　表 5-10

必须通知机长装载位置			
允许在手提行李中或作为手提行李			
允许在交运行李中或作为交运行李			
需由经营人批准			
干冰(固体二氧化碳)Dry Ice(Carbon Dioxide,Solid)用于不受本规则限制的鲜活易腐食品保鲜的干冰,每位旅客携带不得超过 2.5kg,可以作为手提或交运行李,但包装要留有释放二氧化碳气体的通气孔。交运的行李必须标注"干冰"或"固体二氧化碳"及其净重,或注明干冰小于或等于 2.5kg	是	是 是	否

携带干冰保鲜的非危品乘机时,如图 5-4 所示,需要提前与航空公司取得联系,确保重量不超过 2.5kg 并且包装符合规定的通气条件,同时还需要得到航空公司批准后方可携带,在本节引例中提到的干冰保鲜的造血干细胞应参考这项规定,幸福航空公司应该核实该旅客携带干冰重量及通气条件,如果符合要求应该予以批准。当干冰作为交运行李时,需拴挂如图 5-5 所示的行李牌。

a）

b）

DRY ICE
2.5 kg or less of dry ice

图 5-4　干冰　　　　　　　　　　　　　　　　图 5-5　含有干冰的行李使用的行李牌

（三）火柴及打火机（表 5-11）

携带火柴及打火机的规定　　　　　　　　　　　　表 5-11

必须通知机长装载位置			
允许在手提行李中或作为手提行李			
允许在交运行李中或作为交运行李			
需由经营人批准			
安全火柴(一小盒)或一个小型香烟打火机 Matches,Safety(One Small Packet)or a Small Cigarette Lighter 个人使用带在身上的不含未被吸附的液体燃料且非液化气体的打火机。打火机燃料或燃料充装罐不允许随身携带,也不允许放入交运行李或手提行李中	否	带在身上	否
注:"即擦式"火柴、"蓝焰"或"雪茄"打火机禁止运输			

表 5-11 对于火柴及打火机（图 5-6）的规定是可以随身携带但不可以托运,但中国民航不允许将火种带上飞机的,托运、手提皆不允许。此规定是按照民航局发布的《民航旅客禁止随身携带和托运物品目录》来执行的,详情请参见本书附录 2。由此可见,在使用表 5-8 时,还需结合中国民航局或者航空公司自己的差异化规定。

a）   b）

图 5-6　火柴或打火机

小链接

2018 年 6 月 1 日,民航局官网发布首批《民航特定严重失信人名单（旅客）公示》,86 人因"在机场安检中查出随身携带国家法律、法规规定的危险品、违禁品、管制物品而被处以行政处罚""冒用他人乘机身份证件、乘机凭证登机而被处以行政处罚"等行为被列入民航特定严重失信人名单记录,自 2018 年 6 月 1 日起被限制乘坐民用航空器,限制期限为一年。86 名特定严重失信人中有 41 人是因"在机场安检中查出随身违规携带危险品,而受到行政处罚",占比 48%。这 41 人中,藏匿火种 34 人,包括一位外国人;藏匿子弹 6 人;还有一位女性旅客违规携带催泪瓦斯。

藏匿的火种,包括打火机、火柴、电子点烟器等,其中藏匿打火机有 24 人。随着电子产品的使用越来越普遍,旅客违规携带电子点烟器这一新物种,也将越来越多。对于火种,现实生活中变种很多,并不是我们简单以为的火柴、打火机,还包括众多能够产生火花的物品,比如图 5-7 所示的镁棒,外形上就像一把钥匙;电子点烟器,也做得跟 U 盘没多大差别。而且此类物品林林总总,外形奇特,总有旅客抱有侥幸心理,觉得可以瞒天过海。比如图 5-7 中的皮带头暗藏着打火机。

a）   b）   c）

图 5-7　各种各样的火种

（四）氧气或空气气瓶（表 5-12）

携带氧气或空气瓶的规定　　　　　　　　　　　表 5-12

必须通知机长装载位置				
允许在手提行李中或作为手提行李				
允许在交运行李中或作为交运行李				
需由经营人批准				
氧气或空气气瓶 Oxygen or Air , Gaseous , Cylinders 用于医学用途,气瓶的毛重不得超过 5kg	是	是	是	是
注:液态氧装置禁止运输				

　　如果旅客生病,需要在运输过程中吸氧,按照表 5-12,在得到航空公司批准时是可以携带氧气瓶(图 5-8)的,但是根据中国民航《大型飞机公共航空运输承运人运行合格审定规则》(即 CCAR-121)第 121.574 条旅客医用氧气的规定,旅客不得私自携带和使用用于储存、产生或者分配氧气的设备,必要时由航空公司提供。因此旅客如果乘坐飞机时确实需要吸氧,需要提前向航空公司提出申请,提交相关医院证明,航空公司会根据站点的保障能力决定批准与否。

　　近年来,美国联邦航空管理局(Federal Aviation Administration 简称 FAA)认证了一些厂商生产的便携式氧气浓缩器(Portable Oxygen Concentrator,简称 POC),如图 5-9 所示。POC 是通过分子筛技术分离空气中的氧气,向使用者提供氧气的设备。该设备不带有压力储存部件,分配机构不带有压力,也不自主产生氧气,不属于用于储存、产生、分配氧气的设备,不属于空运危险品。这些通过认证的 POC 是可以随身携带的,旅客可以根据自身情况选用,需提前向航空公司申请携带。目前,东方航空、上海航空等接受此申请。

图 5-8　氧气瓶

图 5-9　便携式氧气浓缩器

（五）酒精饮料（表 5-13）

携带酒精饮料的规定　　　　　　　　　　　表 5-13

必须通知机长装载位置				
允许在手提行李中或作为手提行李				
允许在交运行李中或作为交运行李				
需由经营人批准				
酒精饮料 Alcoholic Beverages 在零售包装内体积浓度在 24% 以上但不超过 70% 的酒精饮料,装于不超过 5L 的容器内,每个人携带的总净数量不超过 5L	否	是	是	否

体积浓度超过 70% 的酒精饮料（图 5-10），不允许带上飞机。体积浓度低于 24% 的酒精饮料，作为不受限制的物品可以携带。体积浓度在 24% 以上但不超过 70% 的酒精饮料，只要其容量不超过 5L，可以携带，如表 5-14 所示。

图 5-10　酒精饮料

酒精饮料的携带限制　　　　　　　　　　　　　　　　　　　　表 5-14

酒 精 浓 度	携 带 限 制
≤ 24%	不受限制,等同于普货
>24% 但 ≤ 70%	装在不超过 5L 的容器中,每人携带总量不超过 5L
>70%	不允许携带

在表 5-13 中，符合要求的酒精饮料可以托运或手提，但根据中国民航《民航旅客限制随身携带或托运物品目录》，液体必须托运，不可以手提。在这里，必须明确，此条目所说的酒精饮料指的是商业包装的酒精饮料，自酿的酒水、中药等非商业包装的饮料是不允许携带的。

（六）非放射性药品或化妆用品（表 5-15）

携带非放射性药品或化妆用品的规定　　　　　　　　　　　　表 5-15

	必须通知机长装载位置			
	允许在手提行李中或作为手提行李			
	允许在交运行李中或作为交运行李			
	需由经营人批准			
非放射性药品或化妆用品 Non-radioactive Medicinal or Toiletry Articles（包括气溶胶）如发胶、香水、科隆香水以及含酒精的药品。 和	否	是	是	否
2.2 项 非易燃无毒的气溶胶 Non-flammable , Non-toxic Aerosols in Division 2.2 无次要危险性,体育运动用或家用。 非放射性药品和化妆用品和 2.2 项非易燃无毒的气溶胶总净数量不得超过 2kg 或 2L,每单个物品的净数量不得超过 0.5kg 或 0.5L。气溶胶阀门必须有盖子或用其他方法保护,以防止意外打开阀门释放内容物	否	是	否	否

按表 5-15 的规定，发胶或指甲油，哮喘喷雾等属于非放射性药品或化妆用品（图 5-11），每一单件物品不得超过 0.5kg 或 0.5L，每人可携带这类物品的总净数量不得超过 2kg 或 2L。按中国民航的限液令，净数量 100mL 以内可随身携带，超过 100mL 必须交运。在实际

中,很多地方的机场安检是不允许携带的,主要原因是发胶、指甲油等化妆用品具有易燃性特点,在飞行中会有安全隐患。由于机场安检和航空公司分属于机场公安和民航运输司两个不同的主管部门,对待危险品角度不同,所以在某些物品的携带上,存在不统一的处理方式,在这种情况下,航空公司应该尊重安检的意见。

a) b) c)

图 5-11 非放射性药品、化妆用品以及 2.2 项气溶胶

(七)锂电池及相关产品

锂电池及相关产品是实际运输中遇到最多的情况,表 5-8 中涉及多个相关条目,因此将表格中关于锂电池的部分作了汇总整理,见表 5-16。

锂电池和带锂电池设备行李运输一览表　　　　表 5-16

锂电池及相关设备分类		额定能量或锂含量限制	行李类型	数量限制	批　　准	保护措施	通知机长
个人自用消费品设备		≤ 100W•h 或 ≤ 2g	托运或手提	*		防意外启动;完全关闭	
		>100W•h,≤ 160W•h		*	经营人批准		
个人自用消费品设备的备用电池		≤ 100W•h 或 ≤ 2g	手提	*		单个保护	
		>100W•h,≤ 160W•h		每人两块	经营人批准		
便携式电子医疗装置		≤ 100W•h 或 ≤ 2g	托运或手提	*		防意外启动;完全关闭	
		>100W•h,≤ 160W•h 或 >2g,≤ 8g		*	经营人批准		
便携式电子医疗装置的备用电池		≤ 100W•h 或 ≤ 2g	手提	*		单个保护	
		>100W•h,≤ 160W•h 或 >2g,≤ 8g		每人两块	经营人批准		
安装了锂电池的行李箱电池	电池不可卸	≤ 0.3g 或 ≤ 2.7W•h	托运	*		电池防短路、防受损	
		>0.3g 或 >2.7W•h	禁止				
	电池可卸	参照便携式电子医疗装置的备用电池					
电动轮椅或代步工具	电池不可卸	—	托运	—	提前告知经营人做好安排	电池防短路、防受损	通知机长
	电池可卸	≤ 300W•h	电池卸下手提				
		≤ 160W•h					
电动轮椅或代步工具的备用电池		≤ 300W•h	手提	每人一块			
		≤ 160W•h		每人两块			

注:电子设备需完全关闭,不得为休眠模式。每个旅客携带的便携式电子设备必须是自用,总量不可以超过 15 台,备用电池总量不得超过 20 块。

1. 便携式电子设备（图 5-12）

a)　　　　b)　　　　c)　　　　d)　　　　e)　　　　f)

图 5-12　便携式电子设备

平时旅客经常携带的手机或笔记本电脑等属于个人自用消费品设备,其锂离子电池额定能量皆低于 100W•h 或者锂金属含量低于 2g,因此既可以手提也可以托运,但需特别注意,在托运时要保证设备处于完全关闭状态。有些无人机的额定能量超过 100W•h,但不超过 160W•h,经过航空公司批准后可以带上飞机。对于平衡车等大型电子设备,额定能量超过 160W•h,不允许带上飞机,手提托运皆不允许。

2. 充电宝（图 5-13）

图 5-13　充电宝

充电宝属于备用电池栏,必须手提,不能托运,而且在飞行过程中不得使用为电子设备充电。额定能量低于 100W•h 的充电宝不需要航空公司批准,额定能量 100 ～ 160W•h 的充电宝需要航空公司批准后才可以携带,且每人最多可以携带两块。超过 160W•h 的充电宝或备用电池在任何情况不允许由旅客作为行李带上飞机。

小链接

三无充电宝不能带上飞机

三无充电宝就是在充电宝上没有标明具体的生产厂家、没有标明电池容量、没有标明输入电压和输出电压等参数的充电宝,其被民航局视为三无产品,一律禁止将其带上飞机。

---

3. 电动轮椅（图 5-4）

残疾旅客身体所需的轮椅,需要提前向航空公司申请,不占用免费行李额。如果是锂电池驱动的电动轮椅,电池不可拆卸时需整体托运(注意:很多航空公司不收运电池不可拆卸的锂电池轮椅),电池可拆卸时,在托运时必须将电池卸下,电池手提,轮椅托运。额定能量低于 160W•h 的轮椅电池可以携带 2 块,同时还可以再携带 2 块 160W•h 以内的备用电池。额定能量低于 300W•h 的轮椅电池可以携带 1 块,同时最多携带 1 块 300W•h 的备用电池。

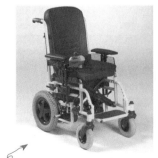

图 5-14　电动轮椅

4. 含锂电池的行李箱（图 5-15）

电池不可拆卸但锂金属含量不超过 0.3g 或锂离子电池不超过 2.7W•h 的锂电池行李

箱,旅客可以托运或手提,锂金属含量超过 0.3g 或锂离子电池超过 2.7W·h 的不可拆卸的锂电池行李箱禁止带上飞机,手提、托运皆不允许。电池可以拆卸的行李箱其电池必须拆下手提,拆下的电池参照备用电池规定。

a)　　　　　　　　　　　　　　　　　　　b)

图 5-15　含锂电池的行李

（八）电动轮椅

对于蓄电池驱动的电动轮椅,必须将电池卸下托运,不得带入客舱,电池和轮椅在托运时须分开包装,分开粘贴如图 5-16 所示的标签。

电池的包装需要按图 5-17 所示。

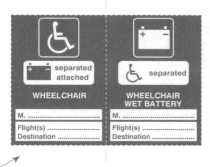

图 5-16　电动轮椅标签　　　图 5-17　电动轮椅行李电池包装示意图

注意:对于普通旅客,航空公司通常可以托运简易轮椅,但不允许携带电动轮椅,轮椅的重量计入免费行李额。

三、信息通告

对于上述携带危险品的限制,航空公司及其代理人或者机场当局应制定对旅客的信息告知程序,通过采用文字或图片、电子信息传递、口头问询等方式在购票过程、办理登机手续时或登机前完成,如图 5-18 所示。

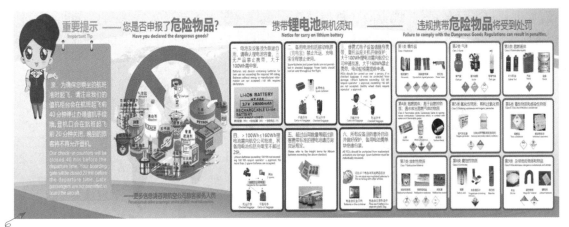

图 5-18　携带危险品信息告示

四、给机组的信息

当旅客携带的危险品信息需要通知机长时,经营人应在航空器起飞前通知机长,告知其危险品在机舱中的装载位置。信息通知可以采用"特种行李机长通知单"的形式,样例如图 5-19 所示。

特种行李机长通知单样例
SPECIAL BAGGAGE NOTIFICATION TO CAPTAIN

航班号: Flight No.:	日期: Date:	飞机注册号: Aircraft Registration:	始发站: Departure Station:		经停站: Via:		目的站: Arrival Station:
旅客姓名 Passenger Name:		座位号: Seat No.:	件数: Pieces:		重量: Weight:		行李牌号 Baggage Tag No.:

危险品/DANGEROUS GOODS:

品名和应急代码（Contents & ERG Code）	装载信息/Loading Information		
□弹药（Ammunition）〔UN No: 0012 or 0014 only〕.................3L	箱板号/ULD ID	装载位置/Position	更改后的装载位置/Changed Position
□政府气象局代表携带的水银温度计或气压计			
（Mercury barometer or thermometer carried by a representative of government weather bureau or similar agency）... 8L	附加说明/Supplementary Information:		
□电动轮椅（湿电池驱动）（Wheelchair powered by wet battery）.......8L	□客舱内（Cabin Baggage）　　□托运行李（Checked Baggage）		
□电动轮椅（锂电池驱动）（Wheelchair powered by lithium battery）......9F	旅客座位号:		
□其他（Other）	批准或豁免/Authorization:		

其他特种物品/OTHER SPECIAL GOODS:

□动物（Live Animal）	附加说明/ Supplementary Information:	装载信息/Loaded Information		
□导盲犬、助听犬（Service dog）	□客舱内（Cabin Baggage）□托运行李（Check-in Baggage）	箱板号/ULD ID	装载位置/Position	更改后的装载位置/Changed Position
□枪支（Gun）	旅客座位号_____			

温度要求/Temperature Requirements:　□加温要求/Heating Required for_____℃（指定温度范围/Specify）　　□降温要求/Cooling Required for_____℃（指定温度范围/Specify）

填写人签字: Prepared By:	监装负责人签字: Loading Supervisor's Signature:	机长签字: Captain's Signature:

第一联:填写人联（白联）; 第二联:监装负责人联（红联）; 第三联:机长联（黄联）（共三联）

图 5-19　特种行李机长通知单样例

上述危险品限制规定,总体上对旅客和机组可以随身携带的危险品进行了指导,但实际工作中,随着新型锂电池设备等的出现或者旅客的特别需求,有时我们的法律法规还不能完全覆盖,而且有时机场安检的属地化管理也造成不同机场的规定有差别,或者机场与航空公司的规定有所出入,这需要我们的民航管理者加强部门沟通,争取将标准统一,给一线工作人员更好的指导。对于一线工作人员,也要秉承着热情服务的工作态度,在严格按照规章保障安全的同时为旅客提供便利,这才是民航运输的宗旨。

小链接

　　器官运输是一场生命与时间的赛跑,如何缩短人体捐献器官转运时间、减少器官浪费,是多年来社会各界共同关注的焦点问题。2016 年 5 月,国家卫生健康委员会、公安部、交通运输部、中国民用航空局、中国铁路总公司、中国红十字会总会联合印发了《关于建立人体捐献器官转运绿色通道的通知》,推动建立人体捐献器官转运绿色通道。

　　民航目前是我国人体捐献器官跨区域、长距离转运的主要渠道。为进一步规范人体捐献器官航空运输流程,扎实做好服务保障工作。2017 年 1 月 9 日,民航局发布了《人体捐献器官航空运输管理办法》(简称《办法》),以《中国民用航空旅客、行李国内运输规则》和《关于建立人体捐献器官转运绿色通道的通知》为主要依据,主要内容包括 7 章 33 条,分为总则、一般运输规定、运输流程、特殊情况处置、保障要求、监督检查、附则等,对人体捐献器官运输流程作全面规范,明确了人体捐献器官作为行李运输的具体要求,明晰了遇到特殊情况时的处置方法,有效界定了航空公司、地面服务代理人、机场、空管等单位在人体捐献器官运输保障工作中的职责,突出了人体捐献器官运输的监督检查。此次民航局发布的《办法》,确保捐献人体器官航空运输流程的通畅,正是落实《关于建立人体捐献器官转运绿色通道的通知》要求,将其纳入法制化、规范化轨道的具体体现,如图 5-20 所示。

图 5-20　人体捐献器官航空运输管理办法的通知

五、旅客机组随身携带危险品案例分析

一名旅客随身携带一个摄像机（额定能量 90W·h），两块备用电池（每块 80W·h），一个锂电池充电的牙刷，一盒自加热米饭，一瓶零售购买的 500mL 二锅头白酒，一瓶酱油，一个 132W·h 大疆无人机。 请问：哪些可以随身携带？哪些可以托运？需要航空公司批准吗？需要通知机长吗？

解决此类问题，需要一一对应条款，逐条解决。

（1）旅客携带的摄像机属于锂电池驱动的电子设备，额定能量不超过 90W·h，可以手提或托运，不需要经过航空公司批准，无须通知机长。

（2）备用电池 80W·h 不需要批准，必须手提，无须通知机长。

（3）锂电池充电牙刷，额定能量很小，可以手提或托运，不需要批准，无须通知机长。

（4）自加热米饭，含有危险品，不在旅客机组允许携带危险品的范畴，因此不许带上飞机。

（5）零售 500mL 的二锅头白酒，属于可以携带的酒精饮料，但根据中国民航的差异限液令，只能托运，不可手提，无须通知机长。

（6）一瓶醋，不属于危险品，可以托运，无须通知机长。

（7）一个大疆无人机 132W·h，超过 100W·h 但不超过 160W·h 的锂电池设备需要航空公司批准才可以携带，无须通知机长。

如图 5-21 所示为航空公司批准放行单示例。

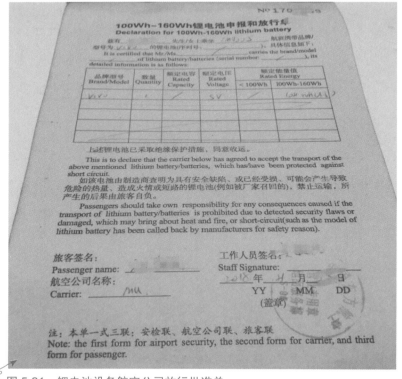

图 5-21 锂电池设备航空公司放行批准单

第三节
隐含危险品

经验表明,有时在旅客的行李中或者按普货申报的货物中可能含有不明显的危险品,这或许是因为旅客或货主不清楚相关规定,也有可能是故意瞒报,为了防止未经申报的危险品被装上飞机,也防止旅客的行李中携带了违规的危险品,从而带来安全隐患,货物收运人员和办理乘机手续人员在怀疑货物或行李中可能含有危险品时,应向托运人和旅客证实每件货物或行李中所装运的物品。如果证实没有含有危险品,在"航空货运单"上注明其包装件内物品不具危险性,如"Not Restricted"(不受限制)。如果证实含有危险品,就应按照危险品运输规则来进行收运。作为旅客行李,如果携带的隐含危险品超出了旅客和机组随身携带危险品的限制,则应拒绝收运。

> **小链接**
>
> 有时旅客携带的物品或托运人交运的包装件上面有一些菱形的象形图标,这些图标跟民航运输使用的危险性标签相似,是 GHS 标签。GHS（Globally Harmonized System of Classification and Labelling of Chemicals）是"全球化学品统一分类和标签制度",旨在对不同类别危化品的分类、标签和安全数据表等因素规范统一,从而确保危化品的物化指标、毒性数据有据可查,在其操作、运输和使用期间,加强对人类健康和环境的保护。GHS 象形图（表 5-17）与航空运输中使用的危险性标签上的图形符号极为相似,有这些标签的物品或货物很可能意味着其总含有民航限制的危险品,需要通过检查确定。
>
> <div align="center">GHS 标签汇总</div> 表 5-17
>
> | 危险象形图 | 图标名称 | 标　识　于 |
> |---|---|---|
> | | 爆炸 | 爆炸品;自反应物质及混合物;有机过氧化物 |
> | | 压力气体 | |
> | | 易燃 | 气体、气溶胶、液体、固体;自反应物质及混合物;自燃液体和固体;自发热物质和混合物;遇水易释放易燃气体的物质和混合物 |
> | | 氧化物或有机过氧化物 | 氧化性气体、液体、固体;有机过氧化物 |
> | | 有毒 | 急性中毒(皮肤、口服、吸入) |

小 链 接

续上表

危险象形图	图标名称	标 识 于
	腐蚀	腐蚀金属;腐蚀皮肤;严重眼损伤
	环境危害	急性;慢性
	有害	对皮肤、口服、吸入有害的;皮肤刺激,产生麻醉效果;皮肤致敏
	健康危害	呼吸致敏;致癌;有毒影响生育;特异性靶器官系统毒性一次性暴露、重复性暴露;吸入性危害;生殖细胞基因突变

典型的可能含有危险品的物品见表 5-18。

隐 含 危 险 品 表　　　　　　表 5-18

物品名称	隐含危险品	典型图例
紧急航材 AOG(Aircraft on Gound)/航空器零备件/航空器设备	可能含爆炸品(照明弹或其他烟火信号弹)、化学氧气发生器、不能使用的轮胎组件、压缩气瓶(氧气、二氧化碳、氮气或灭火器)、油漆、黏合剂、气溶胶、救生用品,急救包、设备中的燃料、湿电池或锂电池、火柴等	
汽车、汽车零部件 / 用品	(轿车、汽车、摩托车)可能含有虽不符合对磁性物质的定义,但由于可能影响航空器仪器而需符合特殊装载要求的铁磁性材料。 也可能含发动机、包括燃料电池发动机、化油器或含有装过燃料的燃料箱、湿电池或锂电池、轮胎充气装置中的压缩气体、灭火器、含氮震台架 / 支柱,气袋充气机 / 气袋模块、易燃黏合剂、油漆、密封剂和溶剂等	
电池供电的装置 / 设备	可能含湿电池或锂电池	

续上表

物品名称	隐含危险品	典型图例
呼吸器	可能有压缩空气或氧气瓶、化学氧气发生器或深冷液化氧气	
野营用具	可能含有易燃气体(丁烷、丙烷等),易燃液体(煤油、汽油等),易燃固体(乌洛托品、火柴等),或其他危险品	
化学品	可能含符合危险品任何标准的物品,尤其是易燃液体、易燃固体、氧化剂、有机过氧化物、毒性或腐蚀性物质	
经营人物资 COMAT (Company materials)	如航空器零件,可能含有不可或缺的危险品,如:旅客服务设备(PSU)中的化学氧气发生器,各种压缩气体,如氧气、二氧化碳和氮气、气体打火机、气溶胶、灭火器;易燃液体,如燃油、油漆和黏合剂;腐蚀性材料,如电池。其他物品,如照明弹,急救包,救生设备,火柴,磁性材料等	
集运货物	可能含任何类别的危险品	
低温(液体)	表示有低温液化气体,如氩、氦、氖、氮等	
气瓶	可能含有压缩或液化气体	
牙科器械	可能包含易燃树脂或溶剂、压缩或液化气体、汞和放射性物品	
诊断标本	可能含有感染性物质	
潜水设备	可能含压缩气瓶(空气、氧气等),如自携式潜水呼吸氧气桶、背心气瓶等。也可能含强光潜水灯,当在空气中启动时可能产生极高的热量。为安全载运,灯泡或电池必须保持断路	

续上表

物 品 名 称	隐 含 危 险 品	典 型 图 例
钻探及采掘设备	可能含爆炸品和／或其他危险品	
液氮干装	可能含有游离液氮。只有在包装以任何朝向放置液氮都不会流出的情况下，才不受本规则限制	
电气设备／电子设备	可能含磁性材料或在开关装置和电子管中的汞、湿电池、锂电池或燃料电池或含有装过燃料的燃料电池盒	
电动器械	（轮椅、割草机、高尔夫球车等）可能装有湿电池、锂电池或燃料电池或盛有或曾经盛装燃料的燃料电池盒	
探险设备	可能含爆炸品（照明弹）、易燃液体（汽油）、易燃气体（丙烷、野营燃气），或其他危险品	
摄影或媒体设备	可能含爆炸性烟火设置、内燃机发电机、湿电池、锂电池、燃料、发热物品等	
冷冻胚胎	可能含制冷液化气体或固体二氧化碳（干冰）	
冷冻水果、蔬菜等	可能包装在固体二氧化碳（干冰）中	
燃料	可能含有易燃液体、易燃固体或易燃气体	

续上表

物 品 名 称	隐含危险品	典 型 图 例
燃料控制器	可能含有易燃液体	
热气球	可能含装有易燃气体的气瓶、灭火器、内燃机、电池等	
家居用品	可能含符合危险品任何标准的物品,包括易燃液体如溶剂性油漆、黏合剂、上光剂、气溶胶(对于旅客,依据规定将禁止携带)、漂白剂、腐蚀剂罐或下水道清洗剂、弹药、火柴等	
仪器	可能藏有气压计、血压计、汞开关、整流管、温度计等含有汞的物品	
实验室 / 试验设备	可能含符合危险品任何标准的物品,特别是易燃液体、易燃固体、氧化剂、有机过氧化物、毒性或腐蚀性物质、锂电池、压缩气瓶等	
机械部件	可能含黏合剂、油漆、密封胶、溶剂、湿电池和锂电池、汞、含压缩或液化气体的气瓶等	
磁铁或其他类似物	其单独或累积可能符合磁性物质的定义	
医疗用品 / 设备	可能含符合危险品任何标准的物品,特别是易燃液体、易燃固体、氧化剂、有机过氧化物、毒性、腐蚀性物质或锂电池	
金属建筑材料,金属栅栏,金属管材	可能含由于可能影响航空器仪器而需符合特殊装载要求的铁磁性物质	
汽车部件(轿车、机动车、摩托车)	可能装有湿电池等	
旅客行李 / 促销材料	可能含符合危险品任何标准的物品。 例如:爆竹、家庭用的易燃液体、腐蚀剂罐或下水道清洗剂、易燃气体或液体打火机燃料储罐、或野营炉的气瓶、火柴、弹药、漂白粉、根据规定不允许携带的气溶胶等	

1153

续上表

物品名称	隐含危险品	典型图例
药品	可能含符合危险品任何标准的物品,尤其是放射性物品、易燃液体、易燃固体、氧化剂、有机过氧化物、毒性或腐蚀性物质	
摄影器材／设备	可能含符合危险品任何标准的物品,尤其是发热装置、易燃液体、易燃固体、氧化剂、有机过氧化物、毒性或腐蚀性物质或锂电池	
赛车或摩托车队设备	可能装有发动机,包括燃料电池发动机、化油器或含燃料或残余燃料的油箱、易燃气溶胶、压缩气瓶、硝基甲烷,其他燃油添加剂或湿电池、锂电池等	
电冰箱	可能含液化气体或氨溶液	
修理箱	可能含有机过氧化物和易燃黏合剂、溶剂型油漆、树脂等	
试验样品	可能含有符合危险品任何标准的物品,特别是感染性物质、易燃液体、易燃固体、氧化剂、有机过氧化物、毒性或腐蚀性物质	
精液	可能用固体二氧化碳(干冰)或制冷液化气体包装。又见"液氮干装"	
船舶零备件	可能含有爆炸品(照明弹)、含压缩气体的气瓶(救生筏),油漆、锂电池(应急定位发射器)等	
演出、电影、舞台与特殊效果设备	可能含易燃物质、爆炸品或其他危险品	
体育运动用品／体育团队设备	可能含压缩或液化气(空气、二氧化碳等)气瓶、锂电池、丙烷喷灯、急救箱、易燃黏合剂、气溶胶等	

续上表

物品名称	隐含危险品	典型图例
游泳池化学品	可能含氧化或腐蚀性物质	
电子设备或仪器开关	可能含汞	
工具箱	可能含爆炸品(射钉枪)、压缩气体或气溶胶,易燃气体(丁烷气瓶或焊枪)、易燃黏合剂或油漆、腐蚀性液体、锂电池等	
火炬	小型火炬和通用点火器,可能含易燃气体,并配有电子打火器。 大型火炬可能包含安装在易燃气体容器或气瓶上的火炬头(通常有自动点火开关)	
旅客行李 / 私人物品	可能含符合危险品任何标准的物品,如爆竹、家庭用的易燃液体、腐蚀剂罐或下水道清洗剂、易燃气体或液体打火机燃料储罐或野营炉的气瓶、火柴、漂白剂、气溶胶等	
疫苗	可能包装在固体二氧化碳(干冰)中	

第四节
国家及经营人差异

　　加入国际民航组织的成员必须遵守《技术细则》对于危险品运输的限制,包括客运及货运。同时任何国家和经营人都可以提交差异条款,这些差异条款通常比《技术细则》的限制更为严格。经营人必须遵守注册国及危险品运输所涉及的始发国、中转国以及到达国的国家差异条款。本节重点讨论中国民航及航空公司的差异条款。

一、国家差异

　　一般而言,国家差异比国际规则列出的限制更为严格,这些差异适用于下列危险品的航空运输:

　　(1)适用于所有经营人运进、运出或通过申报差异的国家拥有主权的所有领土的危险品的航空运输。

（2）当经营人所在国即申报差异的国家时,适用于该国领土以外的全部申报国所属经营人的危险品的航空运输。

如果这些差异的限制不如《技术细则》中的规定严格,则所列出的差异条款仅作为参考资料,只适用于申报国之经营人在该国领土内的运输。

在 IATA 的《危险品规则》中,国家差异由三个字母标志组成,国家的两字代码＋字母"G"（政府）,比如中国的代码为"CNG",后面是按顺序排列的两个数字,以"01"开始,例如中国的第一条差异为"CNG-01"。

中国现在只提出了一条国家差异,即 CNG-01：

> CNG（中国）
>
> CNG-01：欲使用航空器载运危险品运进、运出中国或飞越中国的经营人,必须预先得到中国民用航空总局的书面许可。更多信息可从下列部门获得：
>
> 中国民用航空总局
>
> 运输司
>
> 中国北京东四西大街 155 号, 64 信箱
>
> 电话：+86 10 6409 1929
>
> +861064091918
>
> 传真：+86 10 6409 1968

法国提出了多条国家差异,以 FRG-07 为例：

> FRG（法国）
>
> FRG-07：下述紧急响应信息必须显示在到达、始发境内或经法国中转的危险品货物上。此规定不适用于磁性材料或不需要申报单的危险品。
>
> 电话号码
>
> - 本规则要求的托运人申报单必须包含电话号码以便在危险品运输中发生事件或事故时可以得到紧急响应信息。
> - 此电话号码必须一天 24 小时可用,且必须带有地区代号,国际号码还必须有能在法国拨打的国家代号和城市代号。
> - 此号码必须始终由下述人员值守：
>   * 熟知所运输的危险品的危险性及特性。
>   * 具有综合紧急响应和降低危险品事故的能力。
>   * 能立即找到掌握这些知识和资料的人。

二、经营人差异

任何航空公司希望有自己要求更严格的例外,可以及时申报这种例外作为经营人差异。经营人差异必须不低于国际民航组织的限制并且此差异适用于有关经营人所从事的一切运输。

经营人差异的表示是航空公司的两字代码，随后紧跟按数字顺序排序的两个数字，开始为"01"，例如，东航提交的第五条差异代号为"MU-05"。

目前中国有多个航空公司提交了差异，如国航、东航、南航、天津航空等，可更好地保护航空公司的利益，同时也起到清楚告知的作用。下面分别给出东航和南航的差异条款。

MU（中国东方航空公司）

MU-01：不收运第 7 类可裂变的放射性物品。

MU-02：不收运集运的危险品，以下情况除外：
- 集运货物中含有用作冷冻剂的 UN1845，固体二氧化碳（干冰）。
- 集运货物只有一票分运单。

MU-03：拒绝收运从中国始发的夹带危险品的邮件。

MU-04：不收运从中国始发的烟花爆竹（见包装说明 135）。

MU-05：旅客不允许携带医疗用小型氧气瓶或空气瓶登机。如旅客需要额外的氧气，必须预先向中国东方航空公司提出申请。

CZ（中国南方航空公司）

CZ-01：不接受自中国始发的例外数量的危险品。

CZ-02：不收运集运的危险品，以下情况除外：
- 集运货物中含有用作冷冻剂的 UN1845，固体二氧化碳（干冰）。
- 集运货物只有一票分运单。

CZ03：托运人必须提供某个人员 / 机构的 24 小时应急电话号码，该人员或机构必须了解所运输的（每一种）危险品的危险性、特性以及发生事故或事件情况下应采取的行动。该电话号码必须包括国家和地区号码，号码前标注 Emergency Contact（紧急联系电话）或 24 hour Number（24 小时电话）的字样。电话号码必须写在托运人危险品申报单上，比较合适的位置是填在" Additional Handling Information（其他操作信息）"栏中。

不需要托运人危险品申报单的货物，则不需要 24 小时应急电话号码。

CZ-04：不接受需要冷藏的危险品，但以干冰作为冷冻剂的货物除外。

CZ-05：中国南方航空公司不指定销售代理人在中国境内收运和处理危险品，特殊批准的危险品除外。

CZ-06：不接受 2.3 项毒性气体（见包装说明 200 和 206）。

☢ CZ-07：仅接受 I 级白色和 II 级黄色的放射性物品。

CZ-08：锂金属或锂合金电池芯和电池（UN3090）禁止作为货物在货机上运输，除非：
- 锂金属或锂合金电池芯和电池安装在设备上或与设备包装在一起（UN3091）只能接受按照包装说明 969 或 970 第 II 部分要求的在客机或货机上运输；
- 此限制不适用于符合公司物资（COMAT）范围的与设备包装在一起的或安装在设备上的锂金属或锂合金电池芯和电池（UN3091）。

📖 **本章小结**

本章主要讲述了航空危险品运输的限制,学习了哪些危险品是航空禁止运输和限制运输的,探讨了旅客和机组人员随身携带的危险品限制,并对客货运中有可能出现的隐含危险品的物品种类作了汇总,同时针对国家及运营人的差异做了介绍。

❓ 思考与练习

一、简答题

1. 哪些危险品在任何情况下都禁止航空运输?

2. 飞机上装载的氧气发生器受危险品运输规则的限制吗?用于替换的氧气发生器受危险品运输规则的限制吗?

3. 当怀疑旅客携带的物品中可能含有某种危险品,应该如何处理?

二、判断题

1. 在正常运输条件下容易发生爆炸的任何物品或物质,在任何情况下都禁止航空运输。

（　　）

2. 旅客携带的水银温度计必须托运。（　　）

3. 旅客可以在飞行中使用充电宝给手机充电。（　　）

4. 旅客身体需要时,航空公司应当允许其携带医用小型氧气瓶。（　　）

5. 例外数量的危险品因为量非常少,危险性很低,所以可以放在手提行李中带上飞机。

（　　）

6. 锂电池驱动的电动轮椅,其电池应该卸下手提,并且须告知机长电池。（　　）

7. 自家酿造的葡萄酒放在矿泉水瓶中不可以带入客舱,但可以托运。（　　）

8. 可以通过航空公司邮寄装有手机的快递包裹。（　　）

9. 本着热情服务的精神,考虑到旅客出国吃不到家乡的餐食,可以允许托运自加热火锅或米饭,不允许手提。（　　）

10. 旅客携带的野营用具可能含有易燃气体或液体,应该予以检查,确实含有,应拒绝其携带。（　　）

三、选择题

1. 下列物品中,(　　)可以由旅客随身携带。

　　A. 手机　　　　　　　　　　B. 水银温度计

　　C. 茅台酒　　　　　　　　　D. 安全火柴

2. 疫苗中可能含有的隐含危险品是(　　)。

　　A. 感染性物质　　　　　　　B. 易燃液体

　　C. 干冰　　　　　　　　　　D. 氧化剂

3. 下面说法正确的是（ ）。

    A. 干冰是危险品，所以不允许带入客舱。

    B. 安全火柴不可以手提，但可以托运。

    C. 有些危险品禁止航空运输，但如果获得民航局的批准，可以允许其实施航空运输。

    D. 超过 120W·h 的无人机不可以带上飞机，托运手提都不可以。

4. 下列危险品中，不受《危险品规则》限制的是（ ）。

    A. 旅客自用的小型便携电子设备

    B. 客舱服务中机上食品及饮料的干冰

    C. 航空公司替换用的飞机发动机

    D. 旅客使用的电动轮椅

5. 下列危险品中，不需要航空公司批准就可以带上飞机的是（ ）。

    A. 额定能量 130W·h 的无人机   B. 两瓶白酒

    C. 平衡车   D. 旅客使用的电动轮椅

6. 一票品名为电子设备或仪器开关的货物，可能含有（ ）。

    A. 氧化剂   B. 易燃固体

    C. 汞   D. 磁性物质

7. 医疗设备中会隐含的危险品是（ ）。

    A. 感染性物质   B. 压缩气体

    C. 有机过氧化物   D. 氯气

8. 下列各项中，（ ）肯定不含有危险品。

    A. 疫苗   B. 旅客行李

    C. 家庭用品   D. 书籍

9. 下列物品中，需要通知机长的是（ ）。

    A. 轮椅   B. 酒精饮料

    C. 130W·h 的备用锂电池   D. 催泪瓦斯

10. 下列物品中，需要航空公司批准才能带上飞机的是（ ）。

    A. 安全火柴   B. 酒精饮料

    C. 110W·h 的备用锂电池   D. 催泪瓦斯

四、旅客机组随身携带危险品限制案例分析题

1. 一旅客携带一个电动牙刷，一架航拍无人机，一部手机，一个 ipad，一台笔记本电脑，两个充电宝（一个额定能量 110W·h，一个 55W·h），一瓶发型摩丝。请问哪些应该托运，哪些需要随身携带，哪些需要航空公司批准，哪些需要通知机长？

2. 一残疾旅客随身携带一锂电池驱动的电动轮椅 260W·h（电池可以拆卸），以及一块备用电池 170W·h，一个 ipad，一部手机，一只电子烟，6 块鼠标使用的干电池。请问哪些应该托运，哪些需要随身携带，哪些需要航空公司批准，哪些需要通知机长？

3. 一旅客随身携带一瓶自制葡萄酒，一盒自加热米饭，一个照相机 50W·h，一支水银温度计，一台扫地机器人 130W·h，一瓶香水，一瓶二锅头。请问哪些应该托运，哪些需要随身携带，哪些需要航空公司批准，哪些需要通知机长？

危险品机上应急处置

危险品航空运输经过多年的发展,法律法规已经逐步健全。在货运方面,危险货物包装件如果得到正确分类、妥善包装,在航空运输中带来的风险微乎其微。而客运方面,如果严格按照规则限制旅客和机组人员随身携带危险品,也基本不会有很大的危险隐患。但是实际运输中,总会有一定的概率发生危险品事故和事故征候,所以危险品运输各操作环节必须建立危险品应急响应预案,一旦发生危险品泄露、火情或其他事故／事故征候,地面工作人员和机组成员能够随时有效启动和实施预案,采取适当步骤应对紧急情况,确保最大限度的人员安全、财产安全和飞行安全。

本章针对客舱乘务人员的工作,重点讨论机上危险品的应急处置。当客舱中出现危险物品事故或事故征候时,客舱乘务组应配合飞行机组,采取适当步骤,应对紧急情况,确保飞行安全。

第一节
机上危险品的处置总则

危险品事故是指与危险品航空运输有关联,造成致命或者严重人身伤害或者重大财产损坏或者破坏环境的事故。

危险品事故征候是指不同于危险品事故,但与危险品航空运输有关联,不一定发生在航空器上,但造成人员受伤、财产损坏或者破坏环境、起火、破损、溢出、液体渗漏、放射性渗漏或者包装物未能保持完整的其他情况。任何与危险品航空运输有关并严重危及航空器或者机上人员的事件也被认为构成危险品事故征候。

在评估发生危险品事故征候应采取的适当行动时,不论所涉及的航空器运载的是旅客、货物或客货,都应将下列因素考虑在内:

(1)始终应该考虑尽快着陆。如果情况允许,应该通知有关空中交通服务单位“机上载有危险品”。

(2)始终应该执行该型航空器获准使用的适当的灭火或排烟应急程序。飞行机组人员氧气罩和调节器必须打开,并选至 100% 氧气位置,以防止吸入烟或烟雾。使用适当的排烟应急程序,应能降低污染浓度,并有助于避免受污染空气的再循环。空气调节系统应开到最大功率,所有的舱内空气应排到舱外(没有空气的再循环),以便降低空气的污染浓度,并避免受污染空气的再循环。

(3)降低高度将会降低液体的汽化速率,也可降低渗漏速率,但可能加快燃烧速率。反之,提高高度可能会降低燃烧速率,但是可能加快汽化速率或渗漏速率。如果出现了结构损坏或爆炸危险,应该考虑保持尽可能低的压差。

(4)不应为了灭火而降低通风率,这将产生使旅客致残的影响,而对灭火却起不到很大作用。旅客可能在火被熄灭之前因缺氧而窒息。通过确保客舱最大的通风量,可显著增加旅客的幸存机会。

(5)在处理涉及火情或烟雾的事故征候时,应时刻戴着气密呼吸设备,不应考虑使用带便携式氧气瓶的医疗面罩或旅客用降落式氧气系统来帮助处于充满烟或烟雾的客舱内的旅客,原因在于大量的烟或烟雾将通过面罩上的气门或气孔被吸入。帮助处于充满烟或烟雾环境中的旅客,一个更加有效的方法是使用湿毛巾或湿布捂住嘴和鼻子。湿毛巾或湿布可帮助过滤,且比干毛巾或干布的过滤效果更佳。如果烟或烟雾在发展,客舱机组应迅速采取行动,将旅客从受影响区域转移,必要时提供湿毛巾或湿布,并指示旅客用其呼吸。

（6）一般而言,在对待溢出物时或在有烟雾存在的情况下,不应使用水,因为水可能使溢出物扩散,或加速烟雾的生成。当使用水灭火器时,也应该考虑到电气组件的可能存在,但请参见第（10）条。

（7）除了机上必须携带的应急设备和一些运营人提供的应急响应包之外,还可以找到其他许多有用的物品,包括:①酒吧或配餐使用的箱子;②烤炉抗热手套/抗火手套;③聚乙烯袋子;④毛毯;⑤毛巾。

（8）在触摸可疑包装件或瓶子之前,应该提前将手保护好。使用抗火手套或烤炉抗热手套并罩上聚乙烯袋子,可能提供适当的保护。

（9）在擦干任何溢出物或渗漏物时,应该时刻谨慎小心,确保在用来擦抹的物品与危险物品之间不会产生反应。如果可能产生反应,则不应试图擦干溢出物,而应用聚乙烯袋子将其覆盖。如果没有聚乙烯袋子,则应注意确保盛装该物品的任何容器与该物品本身不会产生反应。

（10）如果已知或怀疑的危险物品以粉末形式溢出,所影响的一切物品均应保持不动。不应该用灭火剂覆盖此类溢出物,或用水加以稀释。应将旅客从受影响区域转移,考虑关闭再循环风扇,并使用聚乙烯袋子或其他塑料袋和毯子覆盖有溢出物的区域,将该区域隔离起来。着陆之后,只应由合格的专业人员负责处理情况。

（11）如果火已扑熄灭,而且内包装显然完好无损,应考虑用水冷却包装件,从而避免再燃烧的可能性,但请参见第6条。

（12）当有烟雾或蒸气存在时,应该禁止吸烟。

（13）如果援救和消防人员在事故征候中赶到航空器,无论危险物品是造成事故征候的原因,还是在航空器上载有危险物品但与事故征候并不直接相关,都应规定一项程序,确保将机长的危险物品通知单立即提供给援救和消防服务人员。这一程序可能要求在紧急撤离中,第一个离开航空器的飞行机组成员将机长通知单交给资深的援救人员和消防人员。

（14）如果一起事故征候涉及某种可以查明的化学物质（通过联合国运输专用名称或编号,或通过任何其他方法予以查明）,在某些情况下或许可以从各国化学数据库中获取有用的信息。数据库通常保持电话24h畅通,因此可以通过电话转接程序与之取得联系。例如:

美国——CHEMTREC,www.chemtrec.com;

加拿大——CANUTEC,www.tc.gc.ca/eng/canutec/menu.htm。

第二节 航空器应急响应操作方法

在紧急情况下,飞机上有相应的设备可供使用,比如灭火器、氧气设备和应急响应包等,运营人还要为机组人员提供在发生危险品事故征候时如何使用这些设备的训练。

一、灭火器

航空器上最常见的灭火器是装有哈龙(溴氯二氟甲烷)、干粉剂、二氧化碳(CO_2)或水作为灭火剂的灭火器。在一架航空器上可能不会配备所有这些类型的灭火器。灭火器的使用指南载于航空公司运营手册中,也可能写在灭火器上。应急响应操作方法表(见表6-1)指出了应使用哪种灭火剂,以及在哪些情况下用水灭火是危险的行为。

二、氧气设备

在增压的航空器内配有固定的和便携式的氧气设备供机组成员和旅客使用。为飞行机组提供的设备通常配有一个气密面罩,可提供100%的氧气。航空器可能携带便携式防烟面罩,但是,可供客舱机组使用的设备一般包括带医疗面罩的便携式氧气瓶。额外的旅客用降落式面罩也可供客舱机组在客舱、厨房、盥洗室区域使用。

无论是旅客用降落式面罩,还是医疗面罩,都设计为允许低流量氧气通过,辅以透过面罩边侧的气门或气孔吸入的空气。此类面罩并不是气密的面罩,因此,所存在的任何有毒气体或烟雾都会被使用此类面罩的旅客或机组成员吸入。

三、危险物品应急响应包

危险物品应急响应包通常装有:

(1)优质大聚乙烯袋子。

(2)捆扎绳。

(3)长橡胶手套等。

经营人通常会参照ICAO的《与危险物品有关的航空器事故征候应急响应指南》(俗称红皮书)来制定飞行机组和客舱机组的危险品应急响应程序(例如:东方航空为客舱机组配备的机上危险品操作速查指南,如图6-1所示),并将程序文件或包含该程序的手册配备在飞机上,供机组成员在需要时查阅使用和按照程序进行应急处置操作。

航空器应急响应操作方法(表6-1)是红皮书中为机组成员提供的操作指南,用于处理在飞行中出现与装有危险物品的某一特定包装件或某些包装件有关或可能有关的事故征候。在查明这种包装件后,应在机长的危险物品通知单上(图6-2)查到相应的条目。

a）

b）

图 6-1　危险品机上应急响应手册

航空器应急响应操作方法表　　　　　表 6-1

操作方法	固 有 危 险	对航空器的危险	对乘员的危险	溢出或渗漏的处理程序	灭火程序	其 他 考 虑
1	爆炸可能引起结构破损	起火和/或爆炸	操作方法字母所指出的危险	使用 100% 氧气；禁止吸烟	使用所有可用的灭火剂；使用标准灭火程序	可能突然失去增压
2	气体、非易燃，压力可能在火中产生危险	最小	操作方法字母所指出的危险	使用 100% 氧气；对于操作方法字母为"A""i"或"P"的物品，要建立和保持最大通风量	使用所有可用的灭火剂；使用标准灭火程序	可能突然失去增压
3	易燃液体或固体	起火和/或爆炸	烟、烟雾和高温；以及操作方法字母所指出的危险	使用 100% 氧气；建立和保持最大通风量；禁止吸烟；尽可能最少地使用电气设备	使用所有可用的灭火剂；对于操作方法字母为"W"的物品，禁止使用水	可能突然失去增压
4	当暴露于空气中时，可自动燃烧或发火	起火和/或爆炸	烟、烟雾和高温；以及操作方法字母所指出的危险	使用 100% 氧气；建立和保持最大通风量	使用所有可用的灭火剂；对于操作方法字母为"W"的物品，禁止使用水	可能突然失去增压；如果操作方法字母为"F"或"H"，尽可能最少地使用电气设备

操作方法	固有危险	对航空器的危险	对乘员的危险	溢出或渗漏的处理程序	灭火程序	其他考虑
5	氧化性物质，可能引燃其他材料，可能在火的高温中爆炸	起火和/或爆炸、可能的腐蚀损坏	刺激眼睛、鼻子和喉咙，接触造成皮肤损伤	使用100%氧气；建立和保持最大通风量	使用所有可用的灭火剂；对于操作方法字母为"W"的物品，禁止使用水	可能突然失去增压
6	有毒物质*，如果吸入、摄取或被皮肤吸收，可能致命	被有毒*的液体或固体污染	剧毒，后果可能会延迟发作	使用100%氧气；建立和保持最大通风量；不戴手套不可接触	使用所有可用的灭火剂；对于操作方法字母为"W"的物品，禁止使用水	可能突然失去增压；如果操作方法字母为"F"或"H"，尽可能最少地使用电气设备
7	从破损的/未防护的包装件中产生的辐射	被溢出的放射性物质污染	暴露于辐射中，并对人员造成污染	不要移动包装件；避免接触	使用所有可用的灭火剂	请一位有资格的人员接机
8	具有腐蚀性，烟雾如果被吸入或与皮肤接触可致残	可能造成腐蚀损坏	刺激眼睛、鼻子和喉咙；接触造成皮肤损伤	使用100%氧气；建立和保持最大通风量；不戴手套不可接触	使用所有可用的灭火剂；对于操作方法字母为"W"的物品，禁止使用水	可能突然失去增压；如果操作方法字母为"F"或"H"，尽可能最少地使用电气设备
9	没有一般的固有危险	操作方法字母所指出的危险	操作方法字母所指出的危险	使用100%氧气；对于操作方法字母为"A"的物品，要建立和保持最大通风量	使用所有可用的灭火剂——对于操作方法字母为"Z"的物品，可以使用水（如有）；对于操作方法字母为"W"的物品，禁止使用水	如是操作方法字母为"Z"的物品，考虑立即着陆；否则，无
10	气体、易燃，如果有任何火源，极易着火	起火和/或爆炸	烟、烟雾和高温以及操作方法字母所指出的危险	使用100%氧气；建立和保持最大通风量；禁止吸烟；尽可能最少地使用电气设备	使用所有可用的灭火剂	可能突然失去增压
11	感染性物质，如果通过黏膜或外露的伤口吸入、摄取或吸收，可能会对人或动物造成影响	被感染性物质污染	对人或动物延迟发作的感染	不要接触。在受影响区域保持最低程度的再循环和通风	使用所有可用的灭火剂。对于操作方法字母为"Y"的物品，禁止使用水	请一位有资格的人员接机

续上表

操作方法	固有危险	对航空器的危险	对乘员的危险	溢出或渗漏的处理程序	灭火程序	其他考虑
12	起火、高温、烟、有毒和易燃蒸汽	起火和/或爆炸	烟、烟雾和高温	使用100%氧气;建立和保持最大通风量	使用所有可用灭火剂,如可用,使用水	可能突然失去增压;考虑立即落地

操作方法字母	附加危险	操作方法字母	附加危险
A	有麻醉作用	N	有害
C	有腐蚀作用	P	有毒(TOXIC)*(POISON)
E	有爆炸性	S	自动燃烧或发火
F	易燃	W	如果潮湿,释放有毒 * 或易燃气体。
H	高度可燃	X	氧化性物质
I	有刺激性 / 催泪	Y	根据感染性物质的类别而定,有关国家主管当局
L	其他危险性低或无		可能需要对人员、动物、货物和航空器进行隔离
M	有磁性	Z	航空器货舱灭火系统可能不能扑灭或抑制火情;考虑立即着陆

* Toxic 与 Poison(有毒)意思相同。

DANGEROUS GOODS 危险品			There is no evidence that any damaged or leaking packages containing dangerous goods have been loaded on the aircraft 已装在本架飞机上的危险品的包装件无任何破损或泄露迹象,否则,不得装上飞机。										装载位置			
Station of Unloading 卸机站	Air waybill No. 货运单号	proper Sipping Name 运输专用名称	Class or civ 类、项、组	UN / ID No. UN 编号	Sub. Risk 次要危险性	No. of Pkgs 包装件数	Type of package 包装类型	Net Qty. Or TI 净重或运输指数	Radoactive Material Catcge. 放射等级	Packing Group 包装等级	I M P Code 货运代码	CAO 仅限货机	ULD ID 集装器号	Plsition 位置	Movedio Position 变更	Irill Number(ERG Code) 应急代码
CDG	1234567	Methyl acetate	3	UN1231	--	10	Fibreboa rd box	50L	——	II	RFL	*×	11L	AA2101		3H

图 6-2　机长通知单

通知单上可能列出了适用的操作方法代号,如果没有列出,可以按照通知单上的运输专用名称或联合国编号,使用危险品品名表查出该代号(表 6-2)。

危险品品名表示例　　　　表 6-2

UN/ ID no. A	Proper Shipping Name/Description B	Class or Div.(Sub Hazard) C	Hazard Label (s) D	PG E	Passenger and Cargo Aircraft						Cargo Aircraft Only		S.P. See 4.4 M	E R G Code N
					E Q See 2.6 F	Ltd Qty		Pkg Inst I	Max Net Qty/Pkg J		Pkg Inst K	Max Net Qty/Pkg L		
						Pkg Inst G	Max Net Qty/Pkg H							
1231	Methyl acetate	3	Flamm. liquid	II	E2	Y341	1L	353	5L		364	60L		3H

指定给每一种危险物品的操作方法代号由一个从 1 到 11 的数字,加上一个或两个字母组成。 参考应急响应操作方法的图表,每一个操作方法编号都与一行有关该物质造成的危

险的信息以及最好采取的行动指南相对应。操作方法字母在操作方法图表上单独列出;它表示该物质可能具有的其他危险。在某些情况下,由操作方法编号提供的指南可能通过操作方法字母给出的信息加以进一步完善。例如:应急响应代码4W代表这种危险品当暴露于空气中时,可自动燃烧或发火,如果遇水会释放有毒或易燃气体,所以灭火时不能用水灭火器。

第三节
飞行中客舱内危险品事故征候客舱机组检查单

除了第五章第二节机组和旅客可以携带的危险品例外之外,危险物品不得放在客舱内。然而,危险物品可能由不了解或者故意忽视规则的旅客带入客舱。另外,一件物品是旅客有权合法携带的(例如医疗用品或锂电池相关产品),却可能引起事故征候。这需要客舱机组能够按照飞行中客舱内危险物品事故征候客舱机组检查单进行正确操作。

客舱内危险品事故征候主要分为以下情况:

(1)电池、便携式电子装置(PED)起火、冒烟,见表6-3。

(2)机舱顶部吊箱电池、便携式电子装置(PED)起火、冒烟,见表6-4。

(3)涉及便携式电子装置(PED)的电池过热或电器气味——看不见火焰或烟雾,见表6-5。

(4)在电动调节座椅上不慎压碎或损坏便携式电子装置,见表6-6。

(5)涉及危险物品的火情,见表6-7。

(6)危险物品溢出或渗漏,见表6-8。

针对上述情况,ICAO红皮书都给出了相应的检查单,虽然检查单按顺序列出了各项任务,但机组成员要明白在开展这些行动时有时其中某些行动应该同时进行。

(1)电池、便携式电子装置(PED)起火、冒烟。

电池、便携式电子装置(PED)起火、冒烟检查单　　　　　　　　表6-3

步骤	客舱机组的基本行动	客舱机组的扩展行动
1	**查明物品** 注:可能无法立即查明物品(起火源)。在这种情况下,先采取步骤2,然后再尝试查明起火源。 **警告:** 为了避免被爆燃烧伤,不建议在发现冒烟或起火的任何迹象时打开所涉行李	**查明物品** 可能无法立即查明物品(起火源),特别是当火情发生在座椅袋或者不能迅速地拿到装置时。在这种情况下,应该首先应用消防程序。如果物品放置在行李中,机组所采取的行动应该与显而易见或可迅速拿到装置这一情况下所应采取的行动一样。 **警告:** 为了避免被爆燃烧伤,不建议在发现冒烟或起火的任何迹象时打开所涉行李。但是,在特定情况下,客舱机组成员可能会对情况做出评估,认为有必要将行李打开一个小口,以便可以喷入灭火剂和不可燃液体。在采取这一行动时应该格外注意,并且只有在穿上可从机上获得的适当的防护设备后才可进行

续上表

步骤	客舱机组的基本行动	客舱机组的扩展行动
2	**应用消防程序:** （1）拿到并使用适当的灭火器; （2）找到和使用对该情况适用的防护设备; （3）如果可能,将旅客从该区域撤走; （4）通知机长、其他客舱机组成员。 注:在有多名机组成员的情况下,应该同时采取这些行动	**应用消防程序:** 应将任何涉及客舱火情的事件立刻通知机长,机长需要了解所采取的一切行动及其效果。客舱机组和飞行机组必须协调相互的行动,每一组成员都须充分了解另一组成员的行动和意图。 必须使用适当的消防和应急程序处理火情。在有多名客舱机组成员的情况下,应该同时采取消防程序中所详述的各项行动。在仅配有一名客舱机组人员的航空器上,应该请求一名旅客来帮助处理相关情况。 应该使用哈龙、哈龙替代品或水灭火器来扑灭火情以及防止火势蔓延至其他易燃材料。在灭火时,必须穿上可用的防护设备（如保护呼吸的设备、防火手套）。 如果火势扩大,客舱机组应迅速采取行动,将旅客从受影响区域转移,必要时提供湿毛巾或湿布,并指示旅客用其呼吸。最大限度地防止烟和烟雾蔓延到机舱内,对航空器的持续安全运行至关重要,因此,必须始终使机舱门保持关闭状态。机组之间的通信和协调十分重要。除非对讲机系统出现故障,否则应使用对讲机作为主要通信方式
3	**切断电源:** （1）断开装置的电源,如果这么做是安全的话; （2）关闭座椅电源（如有）; （3）核实其余电源插座保持断电（如有）。 **警告:** 不要试图从装置中取出电池	**切断电源:** 在保障旅客安全的前提下,必须指示旅客断开装置的电源。电池在充电周期内或充电周期刚刚结束时,由于过热较易起火,但可能会延迟一段时间出现效应。如果拔掉装置的外部电源,就可确保不会向电池输送额外的能量而助长火情。则关闭连通剩余电源插座的座椅电源,直到可以确保某一出现故障的航空器系统不会促使旅客的便携式电子装置也失灵。 如果装置原来已接通电源,则通过目视的方式检查其余电源插座是否保持断电,直至能够确定航空器系统无故障。 切断电源可以与客舱机组的其他行动（如取水洒在装置上）同时进行。根据航空器型号的不同,有些航空器的座椅电源只能由飞行机组成员关闭。 **警告:** 不要试图从装置中取出电池
4	**在装置上洒水（或其他不可燃液体）。** 注:将液体洒在热电池上时液体可能变为蒸汽	**在装置上洒水（或其他不可燃液体）:** 必须使用水（或其他不可燃液体）,使起火的电池冷却,以便防止热扩散到电池中的其他电池芯。如果无水可用,可使用任一不可燃液体来冷却装置。 注:将液体洒在热电池上时液体可能变为蒸汽
5	**将装置放在原位,并监测重新发火现象:** 如果再次冒烟或起火,重复步骤2和步骤4。 **警告:** （1）不要试图拿起或移动装置; （2）不要将装置盖住或对其进行包裹; （3）不要使用冰或干冰冷却装置	**将装置放在原位,并监测重新发火现象:** 由于热转移到电池内的其他电池芯,着火的电池会多次重新点燃并冒出火焰。因此,必须定时监测装置,以查明是否仍然有任何火情的迹象。如果有任何烟雾或火情迹象,则必须在装置上洒水（或其他不可燃液体）。 **警告:** （1）不要试图拿起或移动装置以免电池毫无预兆地发生爆炸或爆燃。如果装置出现以下任何一种现象,则不得移动装置:起火、燃烧、冒烟、发出异常的声音（如噼啪声）、出现碎片或从装置上掉下材料碎片。 （2）不要将装置盖住或对其进行包裹,避免导致装置过热。 （3）不要使用冰或干冰冷却装置。冰或其他材料会对装置产生隔热作用,这样会增加其他电池芯达到热失控的可能性

步骤	客舱机组的基本行动	客舱机组的扩展行动
6	在装置冷却后（如10~15min后）： （1）拿到适当的空容器； （2）在容器中装入足够的水（或其他不可燃液体），以便将装置浸在里面； （3）使用防护设备将装置于容器中，并将其完全浸在水（或其他不可燃液体）中； （4）将容器存放起来并对其进行固定（如可能），以防止溢出	在装置冷却后（如10~15 min后）： 在经过一段时间之后（如10~15 min后），一旦装置冷却下来并且如果没有冒烟或发热的迹象或者如果锂电池起火通常会发出的噼啪声或嘶嘶声有所减弱，就可以小心地对装置进行移动。根据装置及其大小的不同，等待时间可能有所不同。应该在运营人的培训方案中涉及不同的情况（如装置的类型、飞行阶段等）。 必须在适当的空容器（如罐子、水壶、食品柜或盥洗室废物箱）中注入足够的水或不可燃液体，以便可以完全浸没装置。在移动起火事件所涉的任何装置时，必须穿上可用的防护设备（如保护呼吸的设备、防火手套）。一旦将装置完全浸没，必须将所用的容器存放起来并且在条件允许的情况下对其进行固定，以防止溢出
7	在剩余的飞行时间里对装置及其周围区域进行监测	在剩余的飞行时间里对装置及其周围区域进行监测 在剩余的飞行时间里对装置及其周围区域进行监测，以确保装置不构成进一步的风险
8	在下一个目的地着陆后： 应用运营人的事故征候后程序	在下一个目的地着陆后： 一旦到达，应用运营人的事故征候后程序。这些程序可能包括向地面工作人员指明物品的存放地点以及提供有关物品的所有信息。 根据运营人的程序完成所要求的文件，以便向运营人通报事件，采取适当的维修行动，并对应急响应包或所用的任何航空器设备（如有）进行补充或更换

（2）机舱顶部吊箱电池、便携式电子装置（PED）起火、冒烟。

机舱顶部吊箱电池、便携式电子装置（PED）起火、冒烟检查单　　　　　　表6-4

步骤	客舱机组的基本行动	客舱机组的扩展行动
1	应用消防程序： （1）拿到并使用适当的灭火器； （2）找到和使用对该情况适用的防护设备； （3）如果可能，将旅客从该区域撤走； （4）通知机长、其他客舱机组成员。 注：在有多名机组成员的情况下，应该同时采取这些行动	应用消防程序： 应将任何涉及客舱火情的事件立刻通知机长，机长需要了解所采取的一切行动及其效果。客舱机组和飞行机组必须协调相互的行动，每一组成员都须充分了解另一组成员的行动和意图。 必须使用适当的消防和应急程序处理机舱顶部吊箱火情。在有多名客舱机组成员的情况下，应该同时采取消防程序中所详述的各项行动。在仅配有一名客舱机组人员的航空器上，应该请求一名旅客来帮助处理相关情况。 应该使用哈龙、哈龙替代品或水灭火器来扑灭火情以及防止火势蔓延至其他易燃材料。在灭火时，必须穿上可用的防护设备（如保护呼吸的设备、防火手套）。 如果火势扩大，客舱机组应迅速采取行动，将旅客从受影响区域转移，必要时提供湿毛巾或湿布，并指示旅客用其呼吸。 最大限度地防止烟和烟雾蔓延到机舱内，这对航空器的持续安全运行至关重要，因此，必须始终使机舱门保持关闭状态。机组之间的通信和协调十分重要。除非对讲机系统出现故障，否则应使用对讲机作为主要通信方式

续上表

步骤	客舱机组的基本行动	客舱机组的扩展行动
2	**查明物品：** 如果装置显而易见并触手可及，或，如果装置放置在行李中且火焰显而易见： （1）重复步骤 1，以便扑灭火焰（如适用）； （2）采取步骤 3～5。 如果从机舱顶部吊箱冒出烟雾，但看不到或接触不到装置： （1）将其他行李移出机舱顶部吊箱，以便接触到所涉行李、物品； （2）查明物品； （3）采取步骤 3～5。 **警告：** 为了避免被爆燃烧伤，不建议在发现冒烟或起火的任何迹象时打开所涉行李	**查明物品：** 可能无法立即查明物品，特别是当火情发生在机舱顶部吊箱内或者不能迅速地拿到装置时。 如果装置显而易见并且触手可及，或者如果装置放置在行李中且火焰显而易见，则应首先应用消防程序。 如果从机舱顶部吊箱中冒出烟雾但看不到或接触不到装置，或者没有起火的迹象，则应首先应用消防程序。在此之后，应该小心地将所有行李从机舱顶部吊箱移出，直至找到物品。一旦找到物品，采取步骤 3～5。 **警告：** 为了避免被爆燃烧伤，不建议在发现冒烟或起火的任何迹象时打开所涉行李。但是，在特定情况下，客舱机组成员可能会对情况做出评估，认为有必要将行李打开一个小口，以便可以喷入灭火剂和不可燃液体。在采取这一行动时应该十分小心，并且只有在穿上可从机上获得的适当的防护设备后才可进行
3	**在装置上洒水（或其他不可燃液体）。** 注：将液体洒在热电池上时液体可能变为蒸汽	**在装置（行李）上洒水（或其他不可燃液体）：** 必须使用水（或其他不可燃液体），使起火的电池冷却，以便防止热扩散到电池中的其他电池芯。如果无水可用，可使用任一不可燃液体来冷却装置。 注：将液体洒在热电池上时液体可能变为蒸汽
4	**在装置冷却后：** （1）拿到适当的空容器； （2）在容器中装入足够的水（或其他不可燃液体），以便将装置浸在里面； （3）使用防护设备将装置置于容器中，并将其完全浸在水（或其他不可燃液体）中； （4）将容器存放起来并对其进行固定（如可能），以防止溢出	**在装置冷却后** 应该将装置从机舱顶部吊箱移出，以防止隐火可能发展为火情。在经过一段时间之后，一旦装置冷却下来并且如果没有冒烟或发热的迹象或者如果锂电池起火通常会发出的噼啪声或嘶嘶声有所减弱，就可以小心地对装置进行移动。根据装置及其大小的不同，等待时间可能有所不同，应在运营人的培训方案中涉及不同的情况（如装置的类型、飞行阶段等）。 必须在适当的空容器（如罐子、水壶、食品柜或盥洗室废物箱）中注入足够的水或不可燃液体，以便可以完全浸没装置。在移动起火事件所涉的任何装置时，必须穿上可用的防护设备（如保护呼吸的设备、防火手套）。一旦将装置完全浸没，必须将所用的容器存放起来并且在条件允许的情况下对其进行固定，以防止溢出
5	**在剩余的飞行时间里对装置及其周围区域进行监测**	**在剩余的飞行时间里对装置及其周围区域进行监测：** 在剩余的飞行时间里对装置及其周围区域进行监测，以确保装置不构成进一步的风险
6	**在下一个目的地着陆后：** 应用运营人的事故征候后程序	**在下一个目的地着陆后：** 一旦到达，应用运营人的事故征候后程序。这些程序可能包括向地面工作人员指明物品的存放地点以及提供有关物品的所有信息。 根据运营人的程序完成所要求的文件，以便向运营人通报事件，采取适当的维修行动，并对应急响应包或所用的任何航空器设备（如有）进行补充或更换

（3）涉及便携式电子装置（PED）的电池过热或电器气味——看不见火焰或烟雾。

涉及便携式电子装置（PED）的电池过热或电器气味——看不见火焰或烟雾检查单 表 6-5

步骤	客舱机组的基本行动	客舱机组的扩展行动
1	查明物品	查明物品： 查明过热或散发出电器气味的物品。请有关的旅客指明物品
2	指示旅客立即关闭装置	指示旅客立即关闭装置： 必须指示旅客立即关闭装置
3	切断电源： （1）断开装置的电源，如果这么做是安全的话； （2）关闭座椅电源（如有）； （3）核实其余电源插座保持断电（如有）； （4）核实装置在剩余的飞行时间里保持关闭。 警告： 不要试图从装置中取出电池	切断电源： 在保障旅客安全的前提下，必须指示旅客或机组成员断开装置的电源。电池在充电周期内或充电周期刚刚结束时，由于过热较易起火，但可能会延迟一段时间出现效应。如果拔掉装置的外部电源，就可确保不会向电池输送额外的能量而助长火情。则关闭连通剩余电源插座的座椅电源，直到可以确保某一出现故障的航空器系统不会促使旅客的便携式电子装置也失灵。 如果装置原来是接通电源的，则通过目视的方式检查其余电源插座是否保持断电，直至能够确定航空器系统无故障。 切断电源可以与客舱机组的其他行动（如取水洒在装置上）同时进行。根据航空器型号的不同，有些航空器的座椅电源只能由飞行机组成员关闭。 必须核实装置在飞行期间保持关闭。 警告： 不要试图从装置中取出电池
4	指示旅客将装置放在视线之内并密切监测。 警告： 即便在装置被关闭后，不稳定的电池也可能引燃	指示旅客将装置放在视线之内并密切监测： 装置必须处于可看到的地方[不得放在行李或座椅袋中或人身上（衣服口袋中）]，并且必须对其进行密切监测。不稳定的电池即便在装置关闭之后仍可能发火。在着陆时将装置放置好并核实
5	如果出现烟雾或火焰： 采用电池、便携式电子装置起火、冒烟检查单	如果出现烟雾或火焰： 如果出现烟雾或火焰，采用电池、便携式电子装置（PED）起火、冒烟检查单
6	在下一个目的地着陆后： 应用运营人的事故征候后程序	在下一个目的地着陆后： 一旦到达，应用运营人的事故征候后程序。这些程序可能包括向地面工作人员指明物品的存放地点以及提供有关物品的所有信息。 根据运营人的程序完成所要求的文件，以便向运营人通报事件，采取适当的维修行动，并对应急响应包或所用的任何航空器设备（如有）进行补充或更换

（4）在电动调节座椅上不慎压碎或损坏便携式电子装置。

在电动调节座椅上不慎压碎或损坏便携式电子装置检查单　　表 6-6

步骤	客舱机组的基本行动	客舱机组的扩展行动
1	通知机长、其他客舱机组成员	通知机长、其他客舱机组成员： 应将任何涉及客舱火情的事件立刻通知机长，机长需要了解所采取的一切行动及其效果。 客舱机组和飞行机组必须协调相互的行动，每一组成员都须充分了解另一组成员的行动和意图
2	通过以下做法从旅客获得信息： （1）请旅客指明物品； （2）询问旅客物品可能掉落或滑入到哪里； （3）询问旅客在物品掉了之后是否移动了座椅	从旅客获得信息： 请有关的旅客指明物品，并询问其物品可能掉落或滑入到哪里以及其是否在物品掉了之后移动了座椅
3	找到和使用防护设备（如有）	找到和使用防护设备（如有） 客舱机组成员在试图找回物品之前应该戴上防火手套（如有）
4	找回物品。 警告： 在尝试找回物品时不要通过电动或机械的方式移动座椅	找回物品 为了防止压碎便携式电子装置以及降低该装置及其周边区域可能起火的风险，客舱机组成员和、或旅客不得在试图找回物品时使用座椅的电动或机械功能。将座椅上的旅客以及坐在所涉区域旁边的旅客（如有）从该区域撤走，以方便搜寻。请勿移动座椅。如果客舱机组成员无法找回物品，则可能有必要将旅客移至其他座椅上
5	如果出现烟雾或火焰： 采用电池、便携式电子装置起火、冒烟检查单	如果出现烟雾或火焰： 如果出现烟雾或火焰，采用电池、便携式电子装置（PED）起火、冒烟检查单
6	在下一个目的地着陆后： 应用运营人的事故征候后程序	在下一个目的地着陆后： 一旦到达，应用运营人的事故征候后程序。这些程序可能包括向地面工作人员指明物品的存放地点以及提供有关物品的所有信息。 根据运营人的程序完成所要求的文件，以便向运营人通报事件，采取适当的维修行动，并对所用的任何航空器设备（如有）进行补充或更换

（5）涉及危险物品的火情。

涉及危险物品的火情检查单　　表 6-7

步骤	客舱机组的基本行动	客舱机组的扩展行动
1	查明物品。 注：可能无法立即查明物品（起火源）。在这种情况下，先采取步骤 2，然后再尝试查明起火源	查明物品： 请有关的旅客指明物品，该旅客或许能就所涉及的危险及其处理方式提供某些指导。 如果无法立即查明物品，特别是当起火源未知或者不能迅速地拿到物品时。在这种情况下，应该首先应用消防程序。一旦可以开始查明物品，在控制住火情之后再采取行动。如果物品放置在行李中，机组所采取的行动应该与显而易见或可迅速拿到装置这一情况下所应采取的行动一样

步骤	客舱机组的基本行动	客舱机组的扩展行动
1	**警告：** 为了避免被爆燃烧伤,建议在发现冒烟或起火的任何迹象时不要打开所涉行李	**警告：** 为了避免被爆燃烧伤,不建议在发现冒烟或起火的任何迹象时打开所涉行李。但是,在特定情况下,客舱机组成员可能会对情况做出评估,认为有必要将行李打开一个小口,以便可以喷入灭火剂和不可燃液体。在采取这一行动时应该极其小心,并且只有在穿上可从机上获得的适当的防护设备后才可进行。
2	**应用消防程序：** （1）拿到并使用适当的灭火器、检查水的使用; （2）找到和使用对该情况适用的防护设备; （3）如果可能,将旅客从该区域撤走; （4）通知机长、其他客舱机组成员。 注:在有多名机组成员的情况下,应该同时采取这些行动	**应用消防程序：** 应将任何涉及客舱火情的事件立刻通知机长,机长需要了解所采取的一切行动及其效果。 客舱机组和飞行机组必须协调相互的行动,每一组成员都须充分了解另一组成员的行动和意图。 必须使用适当的消防和应急程序处理火情。在有多名客舱机组成员的情况下,应该同时采取消防程序中所详述的各项行动。在仅配有一名客舱机组人员的航空器上,应该请求一名旅客来帮助处理相关情况。 一般而言,在对待溢出物时或在有烟雾存在的情况下,不应使用水,因为水可能使溢出物扩散或加速烟雾的生成。当使用水灭火器时,还应考虑可能存在的电气部件。 如果火势扩大,客舱机组应迅速采取行动,将旅客从受影响区域转移,必要时提供湿毛巾或湿布,并指示旅客用其呼吸。 最大限度地防止烟和烟雾蔓延到机舱内,这对航空器的持续安全运行至关重要,因此,必须始终使机舱门保持关闭状态。机组之间的通信和协调十分重要。除非对讲机系统出现故障,否则应使用对讲机作为主要通信方式
3	**监测重新发火现象：** 如果再次冒烟、起火,重复步骤2。	**监测重新发火现象：** 定时监测所涉区域,以查明是否仍然有任何火情的迹象。如果有任何烟雾或火情迹象,则继续应用消防程序
4	**一旦火情被扑灭：** 如有要求,采用危险物品溢出或渗漏检查单	**一旦火情被扑灭：** 如果发生涉及危险物品的火情,则在扑灭火情之后可能需要立即采用危险物品溢出或渗漏检查单
5	**在下一个目的地着陆后：** 应用运营人的事故征候后程序	**在下一个目的地着陆后：** 一旦到达,应用运营人的事故征候后程序。这些程序可能包括向地面工作人员指明物品的存放地点以及提供有关物品的所有信息。 根据运营人的程序完成所要求的文件,以便向运营人通报事件,采取适当的维修行动,并对应急响应包或所用的任何航空器设备(如有)进行补充或更换

（6）危险物品溢出或渗漏。

危险物品溢出或渗漏检查单   表 6-8

步骤	客舱机组的基本行动	客舱机组的扩展行动
1	通知机长、其他客舱机组成	**通知机长、其他客舱机组成员** 应将任何涉及危险物品的事故征候立刻通知机长,机长需要了解所采取的一切行动及其效果。客舱机组和飞行机组必须协调相互的行动,每一组成员都须充分了解另一组成员的行动和意图。 最大限度地防止烟和烟雾蔓延到机舱内,这对航空器的持续安全运行至关重要,因此,必须始终使机舱门保持关闭状态。机组之间的通信和协调十分重要。除非对讲机系统出现故障,否则应使用对讲机作为主要通信方式
2	查明物品	**查明物品** 请有关的旅客指明物品和指出潜在的危险,该旅客或许能就所涉及的危险及其处理方式提供某些指导。 在仅配有一名客舱机组人员的航空器上,与机长协商是否应请求一名旅客来帮助处理事故征候
3	取出应急响应包或其他有用的物品	**取出应急响应包或其他有用的物品** 取出应急响应包(如配备),或者取出用来处理溢出或渗漏的下列物品: (1)一定量的纸巾或报纸或其他吸水性强的纸或织品(如椅垫套、头垫套); (2)烤炉抗热手套或抗火手套(如有); (3)至少两个大的聚乙烯废物袋; (4)至少三个小一些的聚乙烯袋,如免税店或酒吧出售商品使用的袋子,如果没有,也可使用呕吐袋
4	戴上橡胶手套和防烟面罩	**在接触可疑的包装件或物品之前戴上橡胶手套和防烟面罩,并且始终应该保护好双手。**抗火手套或烤炉抗热手套罩上聚乙烯袋,可提供适当的保护。 当处理涉及烟、烟雾或火的事故征候时,应时刻戴着气密呼吸设备
5	将旅客从该区域撤走,并分发湿毛巾或湿布	**将旅客从该区域撤走,并分发湿毛巾或湿布** 不应考虑使用医疗氧气瓶或旅客用降落式氧气系统来帮助处于充满烟或烟雾的客舱内的旅客,因为大量的烟或烟雾可通过面罩上的气门或气孔被旅客吸入。帮助处于充满烟或烟雾的环境中的旅客的一个更加有效的方法是使用湿毛巾或湿布捂住嘴和鼻子。湿毛巾或湿布可帮助过滤,且比干毛巾或干布的过滤效果更佳。如果烟或烟雾越来越大,客舱机组应迅速采取行动,将旅客从受影响区域转移,可能时提供湿毛巾或湿布,并指示旅客用其呼吸
6	将危险物品装入聚乙烯袋子中	**将危险物品装入聚乙烯袋子中** 注:如果已知或怀疑的危险物品以粉末形式溢出: (1)一切物品均应保持不动; (2)不要使用灭火剂或水; (3)用聚乙烯袋子或其他塑料袋和毯子覆盖该区域; (4)将该区域隔离起来,直至着陆

步骤	客舱机组的基本行动	客舱机组的扩展行动
6	**将危险物品装入聚乙烯袋子中**	**如果有应急响应包** 如果可以完全确定该物品不会产生问题,可以决定不予移动,但在大多数情况下,最好将该物品移走,并应按下列方式将该物品装入聚乙烯袋: (1)准备好两个袋子,把边卷起来,放在地板上; (2)将物品放入第一个袋子中,使其封口端或其从容器中泄漏的部位朝上; (3)取下橡胶手套,同时避免皮肤与手套上的任何污染物接触; (4)将橡胶手套放入第二个袋子中; (5)封上第一个袋子,同时挤出多余的空气; (6)扭转第一个袋子的开口端,用一根捆扎绳将其系紧以保安全,但又不要太紧以致不能产生等压; (7)将(装有该物品的)第一个袋子放入已装入橡胶手套的第二个袋子中,并采用与第一个袋子相同的方法将其开口端系牢。 **如果没有应急响应包** 拾起危险物品并将其放入一个聚乙烯袋子中。确保装有危险物品的容器保持直立正放,或使渗漏的部位朝上。在确定用来擦抹的物品与危险物品之间不会产生反应之后,用纸巾、报纸等抹净溢出物。将脏纸巾等放入另一个聚乙烯袋子中。将用于保护手的手套和袋子单独放入一个小聚乙烯袋子中,或与脏纸巾放在一起。如果没有多余的袋子,将纸巾、手套等与该危险物品放在同一个袋子中。将多余的空气从袋子中排出,紧束开口以保安全,但又不要太紧以致不能产生等压
7	**存放聚乙烯袋子**	**存放聚乙烯袋子** 如果机上有配餐或酒吧用的箱子,腾空里面的东西,将箱子放在地板上,盖子朝上。将装有该危险物品和脏纸巾等物的袋子放入箱内并盖上盖。将箱子或袋子拿到一个离驾驶舱和旅客尽可能远的地方。如果有厨房或盥洗室且离驾驶舱较远,可考虑将箱子或袋子放在那里。如果可以则使用后置厨房或盥洗室,但勿将箱子或袋子靠在密封隔板或机身壁上。如果使用厨房,箱子或袋子可存放在一个空的废物箱内。如果使用盥洗室,箱子可放在地板上,袋子可放在空的废物箱内并应从外面锁上盥洗室的门。在增压的航空器内,如果使用了盥洗室,确保排出烟雾不会影响到旅客。但如果航空器未被增压,盥洗室内可能就没有防止烟雾进入客舱的正压。 在移动箱子时,务必使开口朝上,或在移动袋子时,务必使装有危险物品的容器保持直立正放,或者使渗漏的部位朝上。 无论将箱子或袋子放在何处,都要将其牢牢固定住以防移动,并使物品保持直立正放。确保箱子或袋子放置的位置不会妨碍人员下机
8	**采用处理危险物品的方式来处理被污染的座椅垫、座椅套**	**采用处理危险物品的方式来处理被污染的座椅垫、座椅套** 应将被溢出物污染的椅垫、椅背或其他陈设从其固定装置上取下,并和最初用于覆盖它们的袋子一起装入一个大的帆布袋或其他聚乙烯袋子中。应按照存放引起事故征候的危险物品的相同方式来存放这些物品

续上表

步骤	客舱机组的基本行动	客舱机组的扩展行动
9	覆盖地毯、地板上的溢出物	**覆盖地毯、地板上的溢出物** 用废物袋或其他聚乙烯袋子(如有)来覆盖地毯或陈设上的溢出物。如果没有此类袋子,使用呕吐袋,将其打开,以便用塑料的一面或者使用塑料覆膜的应急信息卡覆盖溢出物。 如果地毯被溢出物污染并且虽然被覆盖但仍产生烟雾,应尽可能将其卷起,放入一个大帆布袋子或其他聚乙烯袋子中。应将其放入废物箱中,并在可能的情况下,存放在后置盥洗室内或者后置厨房内。如果地毯不能移开,应始终用大帆布袋子或聚乙烯袋子等将地毯盖住,并应在上面再盖一些袋子以减少烟雾
10	定期检查所存放的物品、被污染的陈设	**定期检查所存放的物品、被污染的陈设** 应该定期检查出于安全考虑而被撤走和存放起来或被覆盖的任何危险物品、被污染的陈设或设备
11	在下一个目的地着陆后 应用运营人的事故征候后程序	**在下一个目的地着陆后** 一旦到达,应用运营人的事故征候后程序。这些程序可能包括向地面工作人员指明物品的存放地点以及提供有关物品的所有信息。 根据运营人的程序完成所要求的文件,以便向运营人通报事件,采取适当的维修行动,并对应急响应包或所用的任何航空器设备(如有)进行补充或更换

小链接

锂电池燃烧会产生大量热量,燃烧温度可达到将近 1000 度,同时产生大量有害气体或者粉尘颗粒,进而爆炸。目前飞机客舱灭火设备有哈龙灭火器或细水雾灭火器,但是这些灭火器在一些情况下并不能有效扑灭锂电池起火,且数量有限。同时,锂电池燃烧而产生的高温、有毒气体、大量粉尘也会对机组人员和旅客的人身健康造成伤害。

中国民航科学技术研究院航空设备有限公司和民航局危险品运输中心的工程师们经过不懈努力,依照民航局 2017 年底发布的管理文件《锂电池机场应急处置指南》,终于研发出了一个可以有效保护锂电池设备起火爆炸的神器——航空安全防护箱,如图 6-3 所示。

为了隔绝锂电池爆炸,箱体采用复合多层设计,除了采用钢板抗压以外,还装有隔热及阻燃材料。外部箱体上还配

图 6-3　锂电池防护箱

有注水口、排气孔及观察窗。排气孔内装有气体过滤单元,配备专利过滤材料,确保有效过滤掉燃烧的烟尘。小桔箱轻便灵活、小巧美观,操作简单,安全可靠,不仅仅可以应用于飞机客舱锂电池冒烟起火的应急处置,还可以应用于易燃易爆物品的安全防护。

第四节
事件报告

根据 ICAO 的要求,发生危险物品事故和事故征候时,运营人必须根据运营人所属国和事故及事故征候发生地国家的有关当局的报告要求,向有关当局进行报告。

根据民航局《危险品航空运输事件判定和报告管理办法》(AC-276-TR-2016-05)规定,境内发生时,经营人应当立即通过电话向事发地(空中发生时为航空器首次着陆机场)监管局运输部门进行初始报告;事发后 12h 内,经营人应使用危险品航空运输事件报告系统向局方报告。境外发生时,经营人应当立即通过电话向公司所属地监管局运输部门进行初始报告;事发后 24h 内,经营人应使用危险品航空运输事件报告系统向局方报告。图 6-4 是危险品航空运输事件的报告样本。

危险品事故报告单			
事故类型　　事故□　　事件□　　其他□ Mark type of occurrence　　Accident □　　Incident □　　Other Occurrence □			
1. 运营人 Operator:	2. 事故发生日期 Date of occurrence:		3. 当地时间 Local time of occurrence:
4. 航班日期 Flight date:	5. 航班号 Flight no.		
6. 始发机场 Departure airport:	7. 目的机场 Destination airport:		
8. 航空器类型 Airport type:	9. 航空器注册号 Aircraft registration:		
10. 事故发生地址 Location of occurrence:	11. 货物源头 Origin of the goods:		
12. 事故描述,包括破损和伤亡的情况(可附页)Description of the occurrence, including details of injury, damage, etc.(If necessary continue on the next page)			
13. 运输专用名称(包括技术名称)Proper shipping name(including the technical name):			14.UN/ID no.(when known)
15. 类别 / 项别 Class/division(when known):	16. 次要危险性 Subsidiary risk(s):	17. 包装等级 Packing group	18. 第 7 类危险品的等级 Category,(class 7 only)
19. 包装类型 Type of packaging:	20. 包装识别号 Packaging specification marking:	21. 包装件数 No. of packages:	22. 数量或运输指数 Quantity(or transport index, if applicable):
23. 运单上的托运人编号 Reference no. of Air Waybill:			
24. 邮袋、行李标签和机票等的号码 Reference no. of courier pouch, baggage tag, or passenger ticket:			
25. 托运人、代理人、旅客等的姓名和地址 Name and address of shipper, agent, passenger, etc:			
26. 其他相关信息(包括怀疑原因,采取的行动等)Other relevant information (including suspected cause, any action taken):			
27. 填表人姓名职务 Name and title of person making report:	28. 联系电话 Telephone no.		
29. 单位及电子邮箱 Company/dept.code, E-mail or InfoMail code:	30. 填表人 Reporter ref:		
31. 地址 Address:	32. 日期 / 签名 Date/Signature:		

图 6-4　危险品事故报告单

同时,中国民航局开发了危险品航空运输事件网络报告系统来统计每年航空公司及相关机构危险品事故,如表 6-9 所示。

中国民航局危险品事故报告系统 表 6-9

序 号	时 间	地 点	涉事航空公司	涉及危险品
12	9 月 27 日	烟台	×× 航空	充电宝
	事件概述: 　　×× 航空烟台至哈尔滨航班,在飞机地面滑行阶段,一名旅客走至后舱向乘务员反映自己携带的充电宝(未在充电状态,额定能量小于 100 W•h)发热并有焦味,但未发现该充电宝有冒烟、明火等情况。乘务组根据锂电池冒烟处置程序,对充电宝进行浇水降温,并使用防火手套将充电宝放置在保温箱中用水浸没,并安排专人监控			

事故及事故征候的汇报和整理,有助于民航局通过对事故的分析来重点关注频发事故,完善相应的法律法规,也有利于航空公司发现自己的安全隐患,在接下来的工作中提高保障措施,惩罚不是目的,最终是为了提高整个中国民航运输安全。

小链接

　　2017 年 6 月 21 日,中国民航局第二研究所与成都航空公司在民航二所科研基地联合举办了以"锂电池机上应急处置"为主题的演练活动(图 6-5)。本次演练主要针对在飞行过程中,客舱行李架内乘客背包中的笔记本电池热失控后冒烟起火进行应急处置。参演人员为成都航空机组人员,来自民航相关单位和部门的领导进行了现场观摩。

图 6-5 机上锂电池应急处置

　　本次演练活动包括专业知识技术讲解和人员技能实操演练两个阶段。民航二所危险品技术中心的工程师结合航空运输实际,向成都航空机组人员讲解了锂电池机上应急处置措施以及客舱消防灭火器材以及应急防护设备的种类和使用方法。通过在搭建的模拟客舱中真情实景的实操演练,成都航空机组人员应对锂电池机上突发冒烟、起火时的心理素质、快速反应能力和协同作战能力得到了全面提升。训练有素的机组人员能够做到遇事不慌、积极应对、分工明确、有序处置,避免或最大程度降低锂电池不安全事件造成的损失,保障机上人员生命安全和企业财产安全,从而切实提升航空公司安全运行的应急保障能力。

本章小结

　　本章介绍了危险品事故征候的应急处置总则,给出了航空器应急响应方法,并给出了飞行中客舱内危险品事故征候客舱机组检查单和事件报告要求,这也是客舱机组需重点掌握的知识。

思考与练习

简答题

1. 危险品的处置原则有哪些？

2. 锂电池设备的应急响应操作代码为 12Z，代表什么含义？

3. 飞机上有哪些物品或设备可以在应急处置时使用？

4. 当行李架内充电宝起火冒烟时，客舱机组应该如何应急处置？

附　录

附录1
民航旅客禁止随身携带和托运物品目录

一、枪支等武器（包括主要零部件）

能够发射弹药（包括弹丸及其他物品）并造成人身严重伤害的装置或者可能被误认为是此类装置的物品，主要包括：

（1）军用枪、公务用枪，如手枪、步枪、冲锋枪、机枪、防暴枪。

（2）民用枪，如气枪、猎枪、射击运动枪、麻醉注射枪。

（3）其他枪支，如道具枪、发令枪、钢珠枪、境外枪支以及各类非法制造的枪支。

（4）上述物品的仿真品。

二、爆炸或者燃烧物质和装置

能够造成人身严重伤害或者危及航空器安全的爆炸或燃烧装置（物质）或者可能被误认为是此类装置（物质）的物品，主要包括：

（1）弹药，如炸弹、手榴弹、照明弹、燃烧弹、烟幕弹、信号弹、催泪弹、毒气弹、子弹（铅弹、空包弹、教练弹）。

（2）爆破器材，如炸药、雷管、引信、起爆管、导火索、导爆索、爆破剂。

（3）烟火制品，如烟花爆竹、烟饼、黄烟、礼花弹。

（4）上述物品的仿真品。

三、管制器具

能够造成人身伤害或者对航空安全和运输秩序构成较大危害的管制器具，主要包括：

（1）管制刀具，如匕首（带有刀柄、刀格和血槽，刀尖角度小于60°的单刃、双刃或多刃尖刀）、三棱刮刀（具有三个刀刃的机械加工用刀具）、带有自锁装置的弹簧刀或跳刀（刀身展开或弹出后，可被刀柄内的弹簧或卡锁固定自锁的折叠刀具）、其他相类似的单刃双刃三棱尖刀（刀尖角度小于60° 刀身长度超过150mm 的各类单刃、双刃、多刃刀具）以及其他刀尖角度大于60° 刀身长度超过220mm 的各类单刃、双刃、多刃刀具。

（2）军警械具，如警棍、警用电击器、军用或警用的匕首、手铐、拇指铐、脚镣、催泪喷射器。

（3）其他属于国家规定的管制器具，如弩。

四、危险物品

能够造成人身伤害或者对航空安全和运输秩序构成较大危害的危险物品，主要包括：

（1）压缩气体和液化气体，如氢气、甲烷、乙烷、丁烷、天然气、乙烯、丙烯、乙炔（溶于介质的）、一氧化碳、液化石油气、氟利昂、氧气、二氧化碳、水煤气、打火机燃料及打火机用液化气体。

（2）自燃物品，如黄、白、硝化纤维（含胶片）、油纸及其制品。

（3）遇湿易燃物品，如金属钾、钠、锂、碳化钙（电石）、镁铝粉。

（4）易燃液体，如汽油、煤油、柴油、苯、乙醇（酒精）、丙酮、乙醚、油漆、稀料、松香油及含易燃溶剂制品。

（5）易燃固体，如红磷、闪光粉、固体酒精、赛璐珞、发泡剂。

（6）氧化剂和有机过氧化物，如高锰酸钾、氧酸钾、过氧化钠、过氧化钾、过氧化铅、过氧乙酸、过氧化氢。

（7）毒害品，如氰化物、砒霜、剧毒农药等剧毒化学品。

（8）腐蚀性物品，如硫酸、盐酸、硝酸、氢氧化钠、氢氧化钾、汞（水银）。

（9）放射性物品，如放射性同位素。

五、其他物品

其他能够造成人身伤害或者对航空安全和运输秩序构成较大危害的物品，主要包括：

（1）传染病病原体，如乙肝病毒、炭疽杆菌、结核杆菌、艾滋病病毒。

（2）火种（包括各类点火装置），如打火机、火柴、点烟器、镁棒（打火石）。

（3）额定能量超过 160W·h 的充电宝、锂电池（电动轮椅使用的锂电池另有规定）。

（4）酒精体积百分含量大于 70% 的酒精饮料。

（5）强磁化物、有强烈刺激性气味或者容易引起旅客恐慌情绪的物品以及不能判明性质可能具有危险性的物品。

六、其他禁止运输的物品

国家法律、行政法规、规章规定的其他禁止运输的物品。

附录2
民航旅客限制随身携带和托运物品目录

✈ 一、禁止随身携带但可以作为行李托运的物品

（一）锐器

该类物品带有锋利边缘或者锐利尖端，由金属或其他材料制成的、强度足以造成人身严重伤害的器械，主要包括：

（1）日用刀具（刀刃长度大于6cm），如菜刀、水果刀、剪刀、美工刀、裁纸刀。

（2）专业刀具（刀刃长度不限），如手术刀、屠宰刀、雕刻刀、刨刀、铣刀。

（3）用作武术文艺表演的刀、矛、剑、戟等。

（二）钝器

该类物品不带有锋利边缘或者锐利尖端，由金属或其他材料制成的、强度足以造成人身严重伤害的器械，主要包括：棍棒（含伸缩棍、双节棍）、球棒、桌球杆、板球球拍、曲棍球杆、高尔夫球杆、登山杖、滑雪杖、指节铜套（手钉）。

（三）其他

其他能够造成人身伤害或者对航空安全和运输秩序构成较大危害的物品，主要包括：

（1）工具，如钻机（含钻头）、凿、锥、锯、螺栓枪、射钉枪、螺丝刀、撬棍、锤、钳、焊枪、扳手、斧头、短柄小斧（太平斧）、游标卡尺、冰镐、碎冰锥。

（2）其他物品，如飞镖、弹弓、弓、箭、蜂鸣自卫器以及不在国家规定管制范围内的电击器、梅斯气体、催泪瓦斯、胡椒辣椒喷剂、酸性喷雾剂、驱除动物喷剂等。

✈ 二、随身携带或者作为行李托运有限定条件的物品

（一）随身携带有限定条件但可以作为行李托运的物品

（1）旅客乘坐国际、地区航班时，液态物品应当盛放在单体容器容积不超过100mL的容器内随身携带，与此同时盛放液态物品的容器应置于最大容积不超过1L、可重新封口的透明塑料袋中，每名旅客每次仅允许携带一个透明塑料袋，超出部分应作为行李托运。

（2）旅客乘坐国内航班时，液态物品禁止随身携带（航空旅行途中自用的化妆品、牙膏及剃须膏除外）。航空旅行途中自用的化妆品必须同时满足三个条件（每种限带一件、盛放在单体容器容积不超过100mL的容器内、接受开瓶检查）方可随身携带，牙膏及剃须膏每种限带一件且不得超过100g（mL）。旅客在同一机场控制区内由国际、地区航班转乘国内航班时，其随身携带入境的免税液态物品必须同时满足三个条件（出示购物凭证、置于已封口且完好无损的透明塑料袋中、经安全检查确认）方可随身携带，如果在转乘国内航班过程中离开机场控制区则必须将随身携带入境的免税液态物品作为行李托运。

（3）婴儿航空旅行途中必需的液态乳制品、糖尿病或者其他疾病患者航空旅行途中必需的液态药品，经安全检查确认后方可随身携带。

（4）旅客在机场控制区、航空器内购买或者取得的液态物品在离开机场控制区之前可以随身携带。

（二）禁止随身携带但作为行李托运有限定条件的物品

酒精饮料禁止随身携带，作为行李托运时有以下限定条件：

（1）标识全面清晰且置于零售包装内，每个容器容积不得超过 5L。

（2）酒精的体积百分含量小于或等于 24% 时，托运数量不受限制。

（3）酒精的体积百分含量大于 24%、小于或等于 70% 时，每位旅客托运数量不超过 5L。

（三）禁止作为行李托运且随身携带有限定条件的物品

充电宝、锂电池禁止作为行李托运，随身携带时有以下限定条件（电动轮椅使用的锂电池另有规定）：

（1）标识全面清晰，额定能量小于或等于 100W·h。

（2）当额定能量大于 100W·h、小于或等于 160W·h 时必须经航空公司批准且每人限带两块。

三、其他限制运输的物品

国家法律、行政法规、规章规定的其他限制运输的物品。

附录3

IATA《危险品规则》品名表节选

类属和 n.o.s. 运输专用名称表   附表 3-1

类别或项别 Class or Division	次要危险性 Subsidiary Risk	联合国或 识别编号 UN or ID No.	运输专用名称 （注：★不是运输专用名称的一部分） **Proper Shipping Names** （*Note*：The ★*is not part of the proper shipping name.*）
2.3	2.1 和 8	3309	液化气体,毒性,易燃,腐蚀性,n.o.s★ **Liquefied gas, toxic, flammable, corrosive, n. o. s. ★**
2.3	5.1	3307	液化气体,毒性,氧化性,n.o.s★ **Liquefied gas, toxic, oxidizing, n. o. s. ★**
2.3	5.1 和 8	3310	液化气体,毒性,氧化性,腐蚀性,n.o.s★ **Liquefied gas, toxic, oxidizing, corrosive, n. o. s. ★**
第3类 **Class 3** 特定条目 *Specific entries*			
3	8	3274	醇化物溶液,n.o.s★酒精 **Alcoholates solution. n. o. s. ★in alcohol**
3	6.1	1986	醇类,易燃,毒性,n.o.s★ **Alcohols, flammable, toxic, n. o. s. ★**
3		1987	醇类,n.o.s★ **Alcohols. n. o. s. ★**
3		1989	醛类,n.o.s★ **Aldehydes, n. o. s. ★**
3	6.1	1988	醛类,易燃,毒性,n.o.s★ **Aldehydes, flammable, toxic, n. o. s. ★**
3	8	2733	胺,易燃,腐蚀性,n.o.s★ **Amines, flammable, corrosive, n. o. s. ★**
3	8	2985	氯硅烷,易燃,腐蚀性,n.o.s **Chlorosilanes, flammable, corrosive, n. o. s.**
3		3379	液态减敏爆炸品,n.o.s★ **Desensitized explosive, liquid, n. o. s. ★**
3		3272	酯类,n.o.s★ **Esters. n. o. s. ★**
3		3271	醚类,n.o.s★ **Ethers. n. o. s. ★**
3		3295	碳氢化合物,液体,n.o.s **Hydrocarbons, liquid, n. o. s.**
3	6.1	2478	异氰酸酯,易燃,毒性,n.o.s★ **Isocyanates, flammable, toxic, n. o. s. ★**
3	6.1	2478	异氰酸酯溶液,易燃,毒性,n.o.s★ **Isocyanate solution, flammable, toxic, n. o. s. ★**
3		1224	液态酮类,n.o.s★ **Ketones, liquid, n. o. s. ★**
3	6.1	3248	液态医药,易燃,毒性,n.o.s **Medicine, liquid, flammable, toxic, n. o. s.**
3		3336	液态硫醇混合物,易燃,n.o.s★ **Mercaptan mixture, liquid, flammable, n. o. s. ★**
3	6.1	1228	液态硫醇,易燃,毒性,n.o.s★ **Mercaptan mixture, liquid, flammable, toxic, n. o. s. ★**
3		3336	液态硫醇,易燃,n.o.s★ **Mercaptans, liquid, flammable, n. o. s. ★**

续上表

类别或项别 **Class or Division**	次要危险性 **Subsidiary Risk**	联合国或 识别编号 **UN or ID No.**	运输专用名称 (注:★不是运输专用名称的一部分) **Proper Shipping Names** (*Note:The ★is not part of the proper shipping name.*)
3	6.1	1228	液态硫醇混合物,易燃,毒性,n.o.s★ **Mercaptans, liquid, flammable, toxic, n. o. s. ★**
3	6.1	3273	腈类,易燃,毒性,n.o.s★ **Nitriles, flammable, toxic, n. o. s. ★**
3		3343	液态硝化甘油混合物,减敏的,易燃,n.o.s★,按重量含硝化甘油不超过30% **Nitroglycerin mixture, desensitized, liquid, flammable, n. o. s. ★**with 30% or less nitroglycerin, by weight
3		3357	液态硝化甘油混合物,减敏的,n.o.s★,按重量含硝化甘油不大于30% **Nitroglycerin mixture, desensitized, liquid, n. o. s. ★**with 30% or less nitroglycerin, by weight
3		1268	石油馏出物,n.o.s **Petroleum distillates, n. o. s.**
3		1268	石油产品,n.o.s **Petroleum products, n. o. s.**
3	8	2733	聚胺,易燃,腐蚀性,n.o.s★ **Polyamines, flammable, corrosive, n. o. s. ★**
3		2319	萜烃,n.o.s **Terpene hydrocarbons, n. o. s.**
农药 *Pesticides*			
3	6.1	2760	液态含砷农药,易燃,毒性★,闪点<23℃ **Arsenical pesticide, liquid, flammable, toxic★**, flash point<23℃
3	6.1	2782	液态联吡啶农药,易燃,毒性★,闪点<23℃ **Bipyridilium pesticide, liquid, flammable, toxic★**, flash point<23℃
3	6.1	2758	液态氨基甲酸酯农药,易燃,毒性★,闪点低于23℃ **Carbamate pesticide, liquid, flammable, toxic★**, flash point<23℃
3	6.1	2776	液态铜基农药,易燃,毒性★,闪点<23℃ **Copper based pesticide, liquid, flammable, toxic★**, flash point<23℃
3	6.1	3024	液态香豆素衍生物农药,易燃,毒性★,闪点<23℃ **Coumarin derivative pesticide, liquid, flammable, toxic★**, flash point<23℃
3	6.1	2778	液态汞基农药,易燃,毒性★,闪点<23℃ **Mercury based pesticide, liquid, flammable, toxic★**, flash point<23℃
3	6.1	2762	液态有机氯农药,易燃,毒性★,闪点<23℃ **Organochlorine pesticide, liquid, flammable, toxic★**, flash point<23℃
3	6.1	2784	液态有机磷农药,易燃,毒性★,闪点<23℃ **Organophosphorus pesticide, liquid, flammable, toxic★**, flash point<23℃
3	6.1	2787	液态有机锡农药,易燃,毒性★,闪点<23℃ **Organotin pesticide, liquid, flammable, toxic★**, flash point<23℃
3	6.1	3021	液态农药,易燃,毒性,n.o.s★,闪点<23℃ **Pesticide, liquid, flammable, toxic, n. o. s. ★**, flash point<23℃
3	6.1	3346	液态苯氧基乙酸衍生物农药,易燃,毒性★,闪点<23℃ **Phenoxyacetic acid derivative pesticide, liquid, flammable, toxic★**, flash point<23℃
3	6.1	3350	液态拟除虫菊酯农药,易燃,毒性★,闪点<23℃ **Pyrethroid pesticide, liquid, flammable, toxic★**, flash point<23℃
3	6.1	2780	液态取代硝基苯酚农药,易燃,毒性★,闪点<23℃ **Substituted nitrophenol pesticide, liquid, flammable, toxic★**, flash point<23℃

类别或项别 Class or Division	次要危险性 Subsidiary Risk	联合国或 识别编号 UN or ID No.	运输专用名称 (注：★不是运输专用名称的一部分) Proper Shipping Names (Note: The ★ is not part of the proper shipping name.)
3	6.1	2772	液态硫代氨基甲酸酯农药,易燃,毒性★,闪点<23℃ **Thiocarbamate pesticide, liquid, flammable, toxic★**, flash point<23℃
3	6.1	2764	液态三嗪农药,易燃,毒性★,闪点<23℃ **Triazine pesticide, liquid, flammable, toxic★**, flash point<23℃
一般条目 *General entries*			
3		3256	高温液体,易燃,n.o.s★,闪点高于60℃,温度等于或高于其闪点 **Elevated temperature liquid, flammable, n. o. s. ★**with flash point above 60℃, at or above its flash point
3		1993	易燃液体,n.o.s★ **Flammable liquid, n. o. s. ★**
3	8	2924	易燃液体,腐蚀性.n.o.s★ **Flammable liquid, corrosive, n. o. s. ★**
3	6.1	1992	易燃液体,毒性,n.o.s★ **Flammable liquid, toxic, n. o. s. ★**
3	6.1 和 8	3286	易燃液体,毒性,腐蚀性,n.o.s★ **Flammable liquid, toxic, corrosive, n. o. s. ★**
第4类 **Class 4** 4.1项 Division 4.1 特定条目 *Specific entries*			
4.1		3380	固态减敏爆炸品,n.o.s★ **Desensitized explosive, solid, n. o. s. ★**
4.1		1353	纤维织品,浸过轻度硝化的硝化纤维素,n.o.s **Fabrics impregnated with weakly nitrated nitrocellulose, n. o. s.**
4.1		1353	纤维,浸过轻度硝化的硝化纤维素,n.o.s **Fibres impregnated with weakly nitrated nitrocellulose, n. o. s.**
4.1		3182	金属氢化物,易燃,n.o.s★ **Metal hydrides, flammable, n. o. s. ★**
4.1		3089	金属粉,易燃,n.o.s **Metal powder, flammable, n. o. s.**
4.1		3319	固态硝化甘油混合物,减敏的,n.o.s★,按重量含硝化甘油2%至10% **Nitroglycerin mixture, desensitized, solid, n. o. s. ★**
4.1		3344	固态季戊四醇四硝酸酯混合物,减敏的,n.o.s★,按重量计,含季戊四醇四硝酸酯高于10%,但不超过20% **Pentaerythrite tetranitrate mixture, desensitized, solid, n. o. s. ★**, with more than 10% but not more than 20%PETN, by weight
4.1		3344	固态季戊四醇四硝酸酯混合物,减敏的,n.o.s★, 按重量计,含季戊四醇四硝酸酯高于10%,但不超20% **Pentaerythritol tetranitrate mixture, desensitized, solid, n. o. s. ★**, with more than 10% but not more than 20% PETN, by weight
4.1		3344	固态季戊四醇四硝酸酯混合物,减敏的,n.o.s★, 按重量计,含季戊四醇四硝酸酯高于10%,但不超20% **PETN mixture, desensitized, solid, n. o. s. ★**, with more than 10% but not more than 20% PETN, by weight

危险品品名表

UN/ ID no.	Proper Shipping Name/Description	Class or Div. (Sub Risk)	Hazard Label(s)	PG	EQ see 2.6	Passenger and Cargo Aircraft				Cargo Aircraft Only		S.P. see 4.4	ERG Code
						Ltd Qty							
						Pkg Inst	Max Net Qty/Pkg	Pkg Inst	Max Net Qty/Pkg	Pkg Inst	Max Net Qty/Pkg		
A	B	C	D	E	F	G	H	I	J	K	L	M	N
	Accellerene, see **p-Nitrosodimethylaniline** (UN 1369)												
	Accumulators, electric, see **Batteries, wet, filled with acid** † (UN 2794), **Batteries, wet, filled with alkali** † (UN 2795), **Batteries, wet, non-spillable** † (UN 2800)												
	Accumulators, pressurized, hydraulic (containing non-flammable gas), see **Articles, pressurized, hydraulic** (UN 3164)												
	Accumulators, pressurized, pneumatic (containing non-flammable gas), see **Articles, pressurized, pneumatic** (UN 3164)												
1088	Acetal	3	Flamm. liquid	II	E2	Y341	1 L	353	5 L	364	60 L		3H
1089	Acetaldehyde	3	Flamm. liquid	I	E0	Forbidden		Forbidden		361	30 L	A1	3H
1841	Acetaldehyde ammonia	9	Miscellaneous	III	E1	Forbidden		956	200 kg	956	200 kg		9L
2332	Acetaldehyde oxime	3	Flamm. liquid	III	E1	Y344	10 L	355	60 L	366	220 L		3L
2789	Acetic acid, glacial	8 (3)	Corrosive & Flamm. liquid	II	E2	Y840	0.5 L	851	1 L	855	30 L		8F
2790	Acetic acid solution more than 10% but less than 50% acid, by weight	8	Corrosive	III	E1	Y841	1 L	852	5 L	856	60 L	A803	8L
2789	Acetic acid solution more than 80% acid, by weight	8 (3)	Corrosive & Flamm. liquid	II	E2	Y840	0.5 L	851	1 L	855	30 L		8F
2790	Acetic acid solution not less than 50% but not more than 80% acid, by weight	8	Corrosive	II	E2	Y840	0.5 L	851	1 L	855	30 L		8L
1715	Acetic anhydride	8 (3)	Corrosive & Flamm. liquid	II	E2	Y840	0.5 L	851	1 L	855	30 L		8F
	Acetic oxide, see **Acetic anhydride** (UN 1715)												
	Acetoin, see **Acetyl methyl carbinol** (UN 2621)												
1090	Acetone	3	Flamm. liquid	II	E2	Y341	1 L	353	5 L	364	60 L		3H
1541	Acetone cyanohydrin, stabilized	6.1				Forbidden		Forbidden		Forbidden		A2	6L
1091	Acetone oils	3	Flamm. liquid	II	E2	Y341	1 L	353	5 L	364	60 L		3L
1648	Acetonitrile	3	Flamm. liquid	II	E2	Y341	1 L	353	5 L	364	60 L		3L
1716	Acetyl bromide	8	Corrosive	II	E2	Y840	0.5 L	851	1 L	855	30 L		8L
1717	Acetyl chloride	3 (8)	Flamm. liquid & Corrosive	II	E2	Y340	0.5 L	352	1 L	363	5 L		3C
	Acetyl cyclohexanesulphonyl peroxide, more than 82%, wetted with less than 12% water					Forbidden		Forbidden		Forbidden			
	Acetylene dichloride, see **1,2-Dichloroethylene** (UN 1150)												
1001	Acetylene, dissolved	2.1	Flamm. gas		E0	Forbidden		Forbidden		200	15 kg	A1	10L
	Acetylene (liquefied)					Forbidden		Forbidden		Forbidden			
	Acetylene silver nitrate					Forbidden		Forbidden		Forbidden			
3374	Acetylene, solvent free	2.1	Flamm. gas		E0	Forbidden		Forbidden		200	15 kg	A1	10L
	Acetylene tetrabromide, see **Tetrabromoethane** (UN 2504)												

续上表

UN/ ID no. A	Proper Shipping Name/Description B	Class or Div. (Sub Hazard) C	Hazard Label(s) D	PG E	EQ see 2.6 F	Pkg Inst G	Max Net Qty/Pkg H	Pkg Inst I	Max Net Qty/Pkg J	Pkg Inst K	Max Net Qty/Pkg L	S.P. see 4.4 M	ERG Code N
2276	2-Ethylhexylamine	3 (8)	Flamm. liquid & Corrosive	III	E1	Y342	1 L	354	5 L	365	60 L	A803	3C
2748	2-Ethylhexyl chloroformate	6.1 (8)	Toxic & Corrosive	II	E4	Y640	0.5 L	653	1 L	660	30 L		6C
	Ethyl hydroperoxide					Forbidden		Forbidden		Forbidden			
	Ethylidene chloride, see 1,1-Dichloroethane (UN 2362)												
2385	Ethyl isobutyrate	3	Flamm. liquid	II	E2	Y341	1 L	353	5 L	364	60 L		3L
2481	Ethyl isocyanate	6.1 (3)				Forbidden		Forbidden		Forbidden		A174	6F
1192	Ethyl lactate	3	Flamm. liquid	III	E1	Y344	10 L	355	60 L	366	220 L		3L
2363	Ethyl mercaptan	3	Flamm. liquid	I	E0	Forbidden		Forbidden		361	30 L	A1	3N
2277	Ethyl methacrylate, stabilized	3	Flamm. liquid	II	E2	Y341	1 L	353	5 L	364	60 L	A209	3L
1039	Ethyl methyl ether	2.1	Flamm. gas		E0	Forbidden		Forbidden		200	150 kg	A1	10L
1193	Ethyl methyl ketone	3	Flamm. liquid	II	E2	Y341	1 L	353	5 L	364	60 L		3L
	Ethyl nitrate					Forbidden		Forbidden		Forbidden			
	Ethyl nitrite					Forbidden		Forbidden		Forbidden			
1194	Ethyl nitrite solution	3 (6.1)				Forbidden		Forbidden		Forbidden		A2	3P
2524	Ethyl orthoformate	3	Flamm. liquid	III	E1	Y344	10 L	355	60 L	366	220 L		3L
2525	Ethyl oxalate	6.1	Toxic	III	E1	Y642	2 L	655	60 L	663	220 L		6L
	Ethyl perchlorate					Forbidden		Forbidden		Forbidden			
2435	Ethylphenyldichlorosilane	8	Corrosive	II	E0	Forbidden		Forbidden		876	30 L	A1	8L
	Ethyl phosphonous dichloride, anhydrous, see Pyrophoric liquid, organic, n.o.s. † ★ (UN 2845)												
2386	1-Ethylpiperidine	3 (8)	Flamm. liquid & Corrosive	II	E2	Y340	0.5 L	352	1 L	363	5 L		3C
1195	Ethyl propionate	3	Flamm. liquid	II	E2	Y341	1 L	353	5 L	364	60 L		3L
2615	Ethyl propyl ether	3	Flamm. liquid	II	E2	Y341	1 L	353	5 L	364	60 L		3H
	Ethyl silicate, see Tetraethyl silicate (UN 1292)												
	Ethyl sulphate, see Diethyl sulphate (UN 1594)												
	Ethylsulphuric acid, see Alkylsulphuric acids (UN 2571)												
2754	N-Ethyltoluidines	6.1	Toxic	II	E4	Y641	1 L	654	5 L	662	60 L		6L
1196	Ethyltrichlorosilane	3 (8)	Flamm. liquid & Corrosive	II	E0	Forbidden		Forbidden		377	5 L		3C
	Ethyl trimethyl lead mixture, see Motor fuel anti-knock mixture † (UN 1649)												
	Etiologic agent, see Infectious substance, affecting humans ★ (UN 2814) or Infectious substance, affecting animals ★ (UN 2900)												
	Excepted quantity of dangerous goods, see 2.6												
	Exempt animal specimen, see 3.6.2.2.3.8												
	Exempt human specimen, see 3.6.2.2.3.8												

UN/ ID no.	Proper Shipping Name/Description	Class or Div. (Sub Hazard)	Hazard Label(s)	PG	EQ see 2.6	Passenger and Cargo Aircraft				Cargo Aircraft Only		S.P. see 4.4	ERG Code
						Ltd Qty							
						Pkg Inst	Max Net Qty/Pkg	Pkg Inst	Max Net Qty/Pkg	Pkg Inst	Max Net Qty/Pkg		
A	B	C	D	E	F	G	H	I	J	K	L	M	N
0333	Fireworks †	1.1G				Forbidden		Forbidden		Forbidden			1L
0334	Fireworks †	1.2G				Forbidden		Forbidden		Forbidden			1L
0335	Fireworks †	1.3G				Forbidden		Forbidden		Forbidden			1L
0336	Fireworks †	1.4G	Explosive 1.4		E0	Forbidden		Forbidden		135	75 kg	A802	1L
0337	Fireworks †	1.4S	Explosive 1.4		E0	Forbidden		135	25 kg	135	100 kg	A802	3L
3316	First aid kit †	9	Miscellaneous		E0	Y960	1 kg	960	10 kg	960	10 kg	A44 A163	9L
2216	Fish meal, stabilized	9				Forbidden		Forbidden		Forbidden		A2	9L
1374	Fish meal, unstabilized	4.2				Forbidden		Forbidden		Forbidden		A2	4L
2216	Fish scrap, stabilized	9				Forbidden		Forbidden		Forbidden		A2	9L
1374	Fish, scrap, unstabilized	4.2				Forbidden		Forbidden		Forbidden		A2	4L
	Flammable gas, see **Compressed gas, flammable, n.o.s. ★** (UN 1954) or **Liquefied gas, flammable, n.o.s. ★** (UN 3161)												
	Flammable gas in lighters, see **Lighters** (UN 1057)												
	Flammable gas (small receptacles not fitted with a dispersion device, not refillable), see **Receptacles, small, containing gas** (UN 2037)												
1993	Flammable liquid, n.o.s. ★	3	Flamm. liquid	I	E3	Forbidden		351	1 L	361	30 L	A3	3H
				II	E2	Y341	1 L	353	5 L	364	60 L		3H
				III	E1	Y344	10 L	355	60 L	366	220 L		3L
2924	Flammable liquid, corrosive, n.o.s. ★	3 (8)	Flamm. liquid & Corrosive	I	E0	Forbidden		350	0.5 L	360	2.5 L	A3 A803	3CH
				II	E2	Y340	0.5 L	352	1 L	363	5 L		3CH
				III	E1	Y342	1 L	354	5 L	365	60 L		3C
	Flammable liquid preparations, n.o.s., see **Flammable liquid, n.o.s. ★** (UN 1993)												
1992	Flammable liquid, toxic, n.o.s. ★	3 (6.1)	Flamm. liquid & Toxic	I	E0	Forbidden		Forbidden		361	30 L	A3	3HP
				II	E2	Y341	1 L	352	1 L	364	60 L		3HP
				III	E1	Y343	2 L	355	60 L	366	220 L		3P
3286	Flammable liquid, toxic, corrosive, n.o.s. ★	3 (6.1, 8)	Flamm. liquid & Toxic & Corrosive	I	E0	Forbidden		Forbidden		360	2.5 L		3CP
				II	E2	Y340	0.5 L	352	1 L	363	5 L		3CP
3180	Flammable solid, corrosive, inorganic, n.o.s. ★	4.1 (8)	Flamm. solid & Corrosive	II	E2	Y441	5 kg	445	15 kg	448	50 kg	A3 A803	3C
				III	E1	Y442	5 kg	446	25 kg	449	100 kg		3C
2925	Flammable solid, corrosive, organic, n.o.s. ★	4.1 (8)	Flamm. solid & Corrosive	II	E2	Y441	5 kg	445	15 kg	448	50 kg	A3 A803	3C
				III	E1	Y442	5 kg	446	25 kg	449	100 kg		3C
3178	Flammable solid, inorganic, n.o.s. ★	4.1	Flamm. solid	II	E2	Y441	5 kg	445	15 kg	448	50 kg	A3 A803	3L
				III	E1	Y443	10 kg	446	25 kg	449	100 kg		3L
1325	Flammable solid, organic, n.o.s. ★	4.1	Flamm. solid	II	E2	Y441	5 kg	445	15 kg	448	50 kg	A3 A803	3L
				III	E1	Y443	10 kg	446	25 kg	449	100 kg		3L
3176	Flammable solid, organic, molten, n.o.s. ★	4.1				Forbidden		Forbidden		Forbidden		A3	3L
3097	Flammable solid, oxidizing, n.o.s. ★	4.1 (5.1)				Forbidden		Forbidden		Forbidden		A3	3X
3179	Flammable solid, toxic, inorganic, n.o.s. ★	4.1 (6.1)	Flamm. solid & Toxic	II	E2	Y440	1 kg	445	15 kg	448	50 kg	A3 A803	3P
				III	E1	Y443	10 kg	446	25 kg	449	100 kg		3P
2926	Flammable solid, toxic, organic, n.o.s. ★	4.1 (6.1)	Flamm. solid & Toxic	II	E2	Y440	1 kg	445	15 kg	448	50 kg	A3 A803	3P
				III	E1	Y443	10 kg	446	25 kg	449	100 kg		3P

危险品编号对照表 附表 3-3

联合国编号或ID编号	名称和描述	页码
3469	**Paint related material**, **flammable**, **corrosive**, (including paint thinning or reducing compound) 与漆有关的材料, 易燃, 腐蚀性, (包括漆稀释化合物)	308
3470	**Paint**, **corrosive**, **flammable**, (including paint, lacquer, enamel, stain, shellac, varnish, polish, liquid filler and liquid lacquer base (8F) 漆, 腐蚀性, 易燃, (包括漆, 亮漆, 瓷漆, 涂料, 虫漆, 清漆, 上光漆, 液体充填剂和液体亮漆底料)	308
3470	**Paint related material**, **corrosive**, **flammable**, (including paint thinning or reducing compound) 与漆有关的材料, 腐蚀性, 易燃, (包括漆稀释化合物)	308
3471	**Hydrogendifluorides, solutions, n. o. s.** 二氟化氢, 溶液, n. o. s	277
3472	**Crotonic acid, liquid** 液态巴豆酸	244
3473	**Fuel cell cartridges** ＋ containing flammable liquids 燃料电池盒, 含易燃液体	269
3473	**Fuel cell cartridges contained in equipment** ＋ containing flammable liquids 装在设备中的燃料电池盒, 含易燃液体	269
3473	**Fuel cell cartridges packed with equipment** ＋ containing flammable liquids 与设备包装在一起的燃料电池盒, 含易燃液体	269
3474	**1-Hydroxybenzotriazole monohydrate** 1-羟基苯并三唑一水合物	278
3475	**Ethanol and gasoline mixture** with more than **10**% ethanol 酒精和汽油混合物, 酒精含量大于 10%	259
3475	**Ethanol and motor spirit mixture** with more than **10**% ethanol 酒精和汽油混合物, 酒精含量大于 10%	259
3475	**Ethanol and petrol mixture with** more than **10**% ethanol 酒精和汽油混合物, 酒精含量大于 10%	259
3476	**Fuel cell cartridges contained in equipment** ＋ containing water reactive substances 装在设备中的燃料电池盒, 含水反应物质	269
3476	**Fuel cell cartridges** ＋ containing water reactive substances 燃料电池盒, 含水反应物质	269
3476	**Fuel cell cartridges packed with equipment** ＋ containing water reactive substances 与设备包装在一起的燃料电池盒, 含水反应物质	269
3477	**Fuel cell cartridges contained in equipment** ＋ containing corrosive substances 装设备中的燃料电池盒, 含腐蚀性物质	269
3477	**Fuel cell cartridges** ＋ containing corrosive substances 燃料电池盒, 含腐蚀性物质	269
3477	**Fuel cell cartridges packed with equipment** ＋ containing corrosive substances 与设备包装在一起的燃料电池盒, 含腐蚀性物质	269
3478	**Fuel cell cartridges contained in equipment** ＋ containing liquefied gas 装在设备中的燃料电池盒, 含液化气体	269
3478	**Fuel cell cartridges** ＋ containing liquefied gas 燃料电池盒, 含液化气体	269
3478	**Fuel cell cartridges packed with equipment** ＋ containing liquefied gas 与设备包装在一起的燃料电池盒, 含液化气体	269
3479	**Fuel cell cartridges** ＋ containing hydrogen in metal hydride 燃料电池盒, 含金属氢化物中的氢	268
3479	**Fuel cell cartridges contained in equipment** ＋ containing hydrogen in metal hydride 装在设备中的燃料电池盒, 含金属氢化物中的氢	269
3479	**Fuel cell cartridges packed with equipment** ＋ containing hydrogen in metal hydride 与设备包装在一起的燃料电池盒, 含金属氢化物中的氢	269
3480	**Lithium ion batteries** ＋ (including lithium polymer batteries) 锂离子电池	286
3481	**Lithium ion batteries contained in equipment** ＋ (including lithium polymer batteries) 锂离子电池安装在设备中	286
3481	**Lithium ion batteries packed with equipment** ＋ (including lithium polymer batteries) 锂离子电池与设备包装在一起	286
3482	**Alkaline metal dispersion, flammable** 碱金属分散体, 易燃	207
3482	**Alkaline earth metal dispersion, flammable** 碱土金属分散体, 易燃	208
3483	**Motor fuel anti-knock mixture, flammable** 发动机燃料抗爆混合物, 易燃	297
3484	**Hydrazine, aqueous solution, flammable** with more than 37% hydrazine by weight 联氨水溶液, 易燃 以质量计, 含有大于37%的联氨	276
3485	**Calcium hypochlorite, dry, corrosive** with >**39**% available chlorine (**8. 8**% available oxygen) 次氯酸钙, 干的, 腐蚀 有效氯>39%(8. 8%有效氧)	229
3485	**Calcium hypochlorite mixture, dry, corrosive** with >39% available chlorine (8. 8% available oxygen) 次氯酸钙混合物, 干的, 腐蚀 有效氯>39%(8. 8%有效氧)	229
3486	**Calcium hypochlorite mixture, dry, corrosive** with >10% but ≤39% available chlorine 次氯酸钙混合物, 干的, 腐蚀 有效氯>10%但≤39%	229
3487	**Calcium hypochlorite, hydrated, corrosive with** ≥**5. 5**% but ≤**16**% **water** 水合次氯酸钙, 腐蚀 水含量≥5. 5%但≤16%	229
3487	**Calcium hypochlorite, hydrated mixture, corrosive** with ≥5. 5% but ≤16% water 水合次氯酸混合物, 腐蚀 水含量≥5. 5%但≤16%	229
3488	**Toxic by inhalation liquid, flammable, corrosive, n. o. s.** ★ with an inhalation toxicity ≤200 mL/m³ and saturated vapour concentration ≥ 500 LC$_{50}$ (6FC) 吸入毒性液体, 易燃, 腐蚀性, n. o. s. ★吸入毒性低于或等于200 mL/m³, 且饱和蒸汽浓度大于或等于500 LC$_{50}$	340

附录4
IATA《危险品规则》特殊规定节选

4.4 特殊规定

"特殊规定"列在危险品表中 M 栏为相关条目的附加规定。在某一特殊规定与联合国规章范本的相应规定等效时，UN 特殊规定编号将显示在航空方式特殊规定号后面的括号中。

A1 该物品或物质只有预先得到始发国及经营人国有关当局的批准，并按照该有关当局制定的书面条件才可以用客机运输。批准文件包括数量限制和包装要求，且必须有一份伴随货物运输。该物品或物质可以按照 4.2 危险品表的 K 栏和 L 栏的要求用货机运输。如始发国及经营人国以外的其他国家在其国家差异中规定按本特殊规定运输的危险品，必须事先得到其同意，则必须取得这些国家的批准。

注：

当特殊规定 A1 适用于 4.2 中的一个条目，并在页左边的空白处印有"手"型"☞"标志时，则这些条目在得到批准并事先与经营人做好安排的情况下，可以装在货机上运输（还见 9.0 节）。

A2 该物品或物质只有预先得到始发国及经营人国有关当局的批准，并按照该有关当局制定的书面条件才可以用货机运输。

如始发国及经营人国以外的其他国家在其国家差异中规定按本特殊规定运输的危险品必须事先得到其同意，则必须视情从运输中转国、飞越国、目的国获得批准。

在每一种情况下，批准的文件包括数量限制、包装要求，必须有一份伴随货物运输。

A3 （223）某物质的化学或物理性质，如果在测试时，不符合 C 栏列出的类别、项别或其他任何类别、项别的定义标准，则该物质不受本规则限制。

A4 蒸气吸入毒性 I 级的液体，禁止使用客机或货机运输。气雾吸入毒性 I 级的液体，禁止使用客机运输，如果他们按照 I 级包装物质的包装说明进行包装，并且每个包装件的最大净数量不超过 5 升，该液体可以用货机运输。

依照本特殊规定运输时必须在托运人申报单中注明。按照本特殊规定运输并且与其他危险品包装在一个外包装中时，用来计算 Q 值的每个包装件的最大数量必须是在本特殊规定中指定的净数量。

A5 吸入毒性 I 级的固体，禁止使用客机运输。如果他们按照包装等级 I 级物质的包装说明进行包装，并且每个包装件的最大净重不超过 15 公斤，该固体可以用货机运输。

依照本特殊规定运输时必须在托运人申报单中注明。按照本特殊规定运输并且与其他危险品包装在一个外包装中时，用来计算 Q 值的每个包装件的最大数量必须是在本特殊规定中指定的净数量。

A6 （43）当托运的货物属于杀虫剂时，这些物质必须按有关的杀虫剂条目运输，并且要符合有关杀虫剂的规定（见 3.6.1.7 和 3.6.1.8）。

A7 不用。

A8 （322）当以不易碎裂的片状运输的时候，应归为包装等级 III 级。

A9 以体积计酒精含量未超过 70%，盛装于不超过 5 升的容器内，并按货物托运时，不受本规则限制。

A10 （39）该物质的含硅量在 30% 以下或不低于 90% 时，不受本规则限制。

A11 （305）这些物质如浓度低于 50mg/kg（ppm）则不受本规则限制。

A12 （45）以总重计，砷含量不超过 0.5% 的硫化锑和氧化物不受本规则限制。

A13 （47）氰化铁和氰化亚铁不受本规则限制。

A14 不用。

A15 （59）这些物质含镁量不超过 50% 时，不受本规则限制。

A16 （52）该物质含不超过 4% 氢氧化钠时，不受本规则限制。

A17 只有根据对待运包装件所做的系列 2 和系列 6（c）测试的结果，经始发国有关当局的批准，才能进行这些物质的分类和运输。

A18 （66）一硫化汞不受本规则限制。

A19 （225）该条目中的灭火器可能装有启动装药（1.4C 或 1.4S 项动力装置弹药筒），如果每件灭火器中的爆燃炸药（推进剂）不超过 3.2 克，仍按 2.2 项分类。

灭火器必须按照制造国的规定进行生产、测试、批准和标签。此条目下灭火器包括：

(a)手动处理和操作的手提式灭火器;

(b)安装在飞机上的灭火器;

(c)带轮子的人工操作的灭火器;

钠电池或锂金属或锂离子电池的混合动力车,运输时电池安装在其中。

A135　不用。

A136　(314)这些物质有可能在温度升高的情况下发热分解。产生分解的原因可能是加热或杂质(如金属粉末(铁、锰、钴、镁和它们的化合物);在运输过程中,这些物质应避免直接日照和一切热源,并应置于充分通风的地点。

A137　(315)本条目不适用于符合 3.6.1.5.3.2. 中规定的吸入毒性包装等级 I 级的 6.1 项物质。

A138　(316)本条目只适用于以非易碎片剂的形式运输的干的次氯酸钙。

△ A139　(317)""Fissile-excepted"(例外裂变)"只对符合 10.3.7.2.2 的包件适用。

A140　(318)尽管本条目 B 栏运输专用名称后有星号,但本条目的包装件上无需注明技术名称。如对待运输的感染性物质尚不了解,但怀疑可能符合列入 A 级的标准,并划为 UN 2814 或 UN 2900,则应在申报单上运输专用名称之后的括号内注明"怀疑为 A 级感染性物质",但无须在外包装上注明。

A141　不用

A142　不用。

A143　(321)必须始终认为这些储存系统载有氢。

A144　机组人员使用的含有小型化学氧气发生器的呼吸保护设备(PBE),如满足包装说明 565 并符合以下条件的,可以用客机运输:

(a)呼吸保护设备必须是可用的并封装在制造商生产的原始未打开过的的内包装内(即真空密封包装和防护容器);

(b)如果呼吸保护设备已经失效或已被使用,根据有关适航和运行规则,需要进行替换以恢复规定的呼吸保护设备的数量,此时呼吸保护设备只能由经营人或其代表办理托运;

(c)每一包装件最多只能装两个呼吸保护设备;

(d)应按以下规定标明"符合特殊规定 A144 的机组人员呼吸保护设备(防烟罩)":

1. 在托运人危险品申报单上注明。

2. 在包装上的运输专用名称旁边标记。

若满足以上规定,无需按照特殊规定 A1 申请批准。必须遵守其他所有的有关化学氧气发生器的规定,但不得粘贴"仅限货机"标签。

A145　废弃的气溶胶禁止空运。

A146　此条目适用于包含在设备中或与设备包装在一起的燃料电池盒。安装于燃料电池系统或与系统成一体的燃料电池盒被当作包含在设备内。燃料电池盒是指一种储存燃料的物品,用来将燃料通过控制阀门排到燃料电池中。燃料电池盒,包括含在设备中的燃料电池盒,必须设计和构造成防止其在正常运输条件下泄漏燃料。

采用液体作为燃料的燃料电池盒的设计类型必须通过压力为 100kPa(表压)的内压试验而无泄漏。

除了金属氢化物的氢燃料电池盒必须符合 A162 之外,每一种燃料电池盒的设计类型,包括安装于燃料电池系统或与系统成一体的燃料电池盒,必须表明能通过 1.2 米高的落在坚硬表面上的跌落试验,跌落方位取最可能使包容系统损坏的方位,而无内状物泄漏。

当锂金属或锂离子电池安装在燃料电池系统中时,货物必须划归下列适当的条目:UN3091 Lithiummetal batteries contained in equipment(与设备安装在一起的金属锂电池)或 UN3481 Lithium ion batteries contained in equipment(与设备安装在一起的锂离子电池)。

A147　(329)不用。

A148　不用。

A149　不用。

A150　可能需要另外的次要危险性标签。相关注释标记在附录 C.2 的技术名称旁边。

A151　如干冰被用作装于集装器内或其他类型的托盘上的非危险品的冷冻剂,则 4.2 节表中 J 和 L 栏中所显示的每一包装件中干冰的数量限制不适用。在此类情况下,集装器或其他种类的托盘必须向经营人指明,并且必须能允许二氧化碳气体泄出,以防止压力升高到危险水平。

A152　符合包装说明 202 的含液氮的绝热包装,如内含冷冻液氮且液氮完全吸收在孔状材料中,则不受本规则限制,但前提是该隔绝包装的设计不会导致容器内部压力升高,且在以任何方向放置时都不会泄漏冷冻液态氮。

当使用航空货运单时,在航空货运单上应按 8.2.6. 要求,注明"Not Restricted(不受限制)"字样及特殊规定号。

A201　只有经原产国和经营人所在国有关当局的事先批准,并通过这些机构制定书面条件,锂金属电池的货物可以在客机上运输。这些条件必须包括数量限制,尺寸限制,以及 ICAO 技术细则补篇

（见 S-3；4，表 S-3 1）中指定的包装说明。当局按本特殊规定签发的许可必须在发布的三个月内提供一份复印件给 ICAO 危险品部领导，通过邮件发送到：DGS@icao.int，通过传真 1514-954-6077 或者通过邮寄到以下地址：

Chief,Dangerous Goods Section

Intemational Civil Aviation Organization

999 University Street

Montreal, Quebee

CANADA H3C 5H7

除原产国和经营人所在国以外，已经通知 ICAO 按本特殊规定、批准制作的货物需要事先批准的国家，还必须酌情得到这些国家的批准。

A302 为向在运输过程中的水生动物提供生命所需氧气，始发国、目的地国以及经营人的有关当局可批准载运装有 UN1072 压缩氧气或 UN1022 压缩空气的气瓶，气瓶的阀门应打开，通过调节器向水中供应受控数量的氧气或空气。气瓶或气瓶阀必须配置自密封设备，防止调节器出现故障或破损时的不可控的气体泄漏。气瓶必须满足包装说明 200 的适用部分，但不包括必须关闭阀门。此外，至少还应满足以下条件：

（a）配置气瓶的水容器其设计和构造必须能承受各种可预料的负载；

（b）必须从直立位置 4 个方向对可供气体的水容器进行倾斜试验，倾斜角为 45°，在每个方向至少应试验 10 分钟，应不会出现漏水；

（c）必须固定并保护设备内的气瓶和调节器；

（d）所使用的调节器的最大流量不超过 5L/min；

（e）流入水容器的流量仅仅能够保障水生动物的生命；

（f）提供的气体的量不能超过正常航空运输氧气所需的量的 150%；并且

（g）每 15m³ 的货舱中只允许 1 个气瓶。在任何情况下，在每 5m³ 的货舱中，决不允许气瓶的气体流速超过 1L/min。

A324 为了运输象征性的火焰，有关的始发国、目的地国和经营人国可以批准运输用 UN1223- 煤油，或 UN3295- 碳氢化合物，液体，n.o.s 燃料的火种灯，这些火种灯只由旅客作为手提行李携带。

灯必须是"戴维"型的或其他类似的器具。此外，以下条件是应遵守的最低条件：

（a）不多于 4 个火种灯可携带到飞机上；

（b）火种灯的燃料数量，最多是其航行期间所需的燃料数量，而且燃料必须含在防漏的容器内；

（c）火种灯必须固定；

（d）当在飞机上时，火种灯必须在一个随同人的不断的监管之下，而此人不是当班机组的成员；

（e）火种灯可以由随同的人点燃，但不得在飞机上充注燃料；

（f）所有时间在随同人员可达到的范围内至少有一个灭火器。此随同人员必须经过使用灭火器的训练。

（g）必须给机组成员关于携带的火种灯的口头的简要通知，必须为机长提供一份批准的复印件；以及

（h）必须满足本规则的 9.5.1.1.3b)，c)，e)，9.5.1.2，9.5.1.3 和 9.6.1。

A801 如果本物质是受控的，且国家法律或国际公约禁止泄露其信息，则此条目不需要技术名称〔见 4.1.2.1（d）〕。

A802 尽管 E 栏无包装等级，此条目所列物质或物品必须包装在符合包装等级 II 级的联合国规格包装容器中。此规定不适用于按有限数量规定运输的气溶胶。

注：

为了识别和文件的目的，不管表 4.2 显示的和用在填制托运人申报单上的包装等级，要求选择上述性能标准高的包装等级。

A803 尽管 E 栏包装等级为 III 级，此条目所列物质必须包装在符合包装等级 II 级的联合国规格包装容器中。此规定不适用于按有限数量规定运输的物质。

注：

为了识别和文件的目的，不管表 4.2 显示的和用在填制托运人申报单上的包装等级，要求选择上述性能标准高的包装等级。

A804 尽管 E 栏包装等级为 III 级，此条目所列物质……

附录5
IATA《危险品规则》包装说明节选

包装说明 354

△ 经营人差异：AM-03、AY-04、CA-10、CI-04、CX-02/05、EI-01、EY-03、FX-17、JL-09、KA-02/05、KC-06、KE-07、KZ-07、LD-02/06、LY-04、MK-12、M6-01、NH-06、OK-04、OM-06、TG-02、UA-01

本说明适用于客机运输的包装等级为Ⅲ级具有第8类次要危险的易燃液体。

必须满足 5.0.2 的一般包装要求。

相容性要求

• 物质必须按 5.0.2.6 的要求与它们的包装相容；

• 金属包装必须耐腐蚀或具有防腐蚀措施。

封口要求

封口必须满足 5.0.2.7 的要求；

附加包装要求

• 所有包装必须满足Ⅱ级包装性能标准。

允许组合和单一包装。

组合包装		
内包装（见6.1）	每个内包装的净量	每个包装件的总净量
玻璃	2.5 L	
金属	5.0 L	5.0 L
塑料	5.0 L	

外包装

类型	桶						方形桶			箱							
名称	钢	铝	胶合板	纤维	塑料	其他金属	钢	铝	塑料	钢	铝	木材	胶合板	合成木材	纤维板	塑料	其他金属
规格	1A1 1A2	1B1 1B2	1D	1G	1H1 1H2	1N1 1N2	3A1 3A2	3B1 3B2	3H1 3H2	4A	4B	4C1 4C2	4D	4F	4G	4H1 4H2	4N

单一包装

类型	桶				方形桶			复合	气瓶
名称	钢	铝	塑料	其他金属	钢	铝	塑料	塑料	
规格	1A1 1A2	1B1 1B2	1H1 1H2	1N1 1N2	3A1 3A2	3B1 3B2	3H1 3H2	全部	如 5.0.6.6 允许的

包装说明 355

国家差异：BEG-03，USG-04/13

△ 经营人差异：5X-02、AA-01、AM-03、AS-02、AY-04、BA-01、BW-01、CA-10、CX-02、EI-01、EY-03、FX-02/17、JL-09、KA-02、KC-06、KE-07、KZ-07、LD-02、LY-04、M6-01、MK-12、NH-06、OK-04、OM-06、TG-02、UA-01、UX-04

包装说明 355(续)

本说明适用于客机运输的包装等级为Ⅲ级具有 6.1 项次要危险或无次要危险的易燃液体。

必须满足 5.0.2 的一般包装要求。

相容性要求

- 物质必须按 5.0.2.6 的要求与它们的包装相容;

封口要求

封口必须满足 5.0.2.7 的要求;

允许组合和单一包装。

组合包装		
内包装(见6.1)	每个内包装的净量	每个包装件的总净量
玻璃	2.5 L	
金属	10.0 L	60.0 L
塑料	10.0 L	

外包装

类型	桶						方形桶			箱							
名称	钢	铝	胶合板	纤维	塑料	其他金属	钢	铝	塑料	钢	铝	木材	胶合板	合成木材	纤维板	塑料	其他金属
规格	1A1 1A2	1B1 1B2	1D	1G	1H1 1H2	1N1 1N2	3A1 3A2	3B1 3B2	3H1 3H2	4A	4B	4C1 4C2	4D	4F	4G	4H1 4H2	4N

单一包装

类型	桶				方形桶			复合	气瓶
名称	钢	铝	塑料	其他金属	钢	铝	塑料	塑料	
规格	1A1 1A2	1B1 1B2	1H1 1H2	1N1 1N2	3A1 3A2	3B1 3B2	3H1 3H2	全部	如 5.0.6.6 允许的

包装说明 360

经营人差异:5X-02,AY-04,BR-02,CA-10,CI-04,CX-02/05,EY-03,FX-02/17,JL-09,KA-02/05,KE-07,KZ-07,LD-02/06,MK-12,NH-06,OZ-08,TG-02

本说明适用于仅限货机运输的包装等级为Ⅰ级具有第 8 类次要危险的易燃液体。

必须满足 5.0.2 的一般包装要求。

相容性要求

- 物质必须按 5.0.2.6 的要求与它们的包装相容;
- 金属包装必须耐腐蚀或具有对第 8 类次要危险物质的防腐蚀措施。

封口要求

封口必须满足 5.0.2.7 的要求;

包装说明 855

△ 经营人差异:5X-02,AY-04,BR-12,CA-10,CI-04,CX-02/05,EY-03,FX-02/04/17,JL-09,KA-02/05,KE-07,LD-02/06,MK-12,M6-01,NH-06,OZ-08,TG-02

本说明适用于仅限货机运输包装等级为 Ⅱ 级的第 8 类液体。

必须满足 5.0.2 的一般包装要求。

相容性要求

- 物质必须按 5.0.2.6 的要求与它们的包装相容;
- 金属包装必须耐腐蚀或具有防腐蚀措施;
- 只有在第 8 类物质无氢氟酸时,才允许该物质装在玻璃或陶瓷的内包装内。

封口要求

- 封口必须满足 5.0.2.7 的要求。

允许组合和单一包装。

组合包装		
内包装(见 6.1)	每个内包装的净量	每个包装件的总净量
玻璃	2.5 L	
金属	2.5 L	30.0 L
塑料	2.5 L	

外包装

类型	桶						方形桶			箱							
名称	钢	铝	胶合板	纤维	塑料	其他金属	钢	铝	塑料	钢	铝	木材	胶合板	合成木材	纤维板	塑料	其他金属
规格	1A1 1A2	1B1 1B2	1D	1G	1H1 1H2	1N1 1N2	3A1 3A2	3B1 3B2	3H1 3H2	4A	4B	4C1 4C2	4D	4F	4G	4H1 4H2	4N

单一包装								
类型	桶				方形桶			复合	气瓶
名称	钢	铝	塑料	其他金属	钢	铝	塑料	塑料	
规格	1A1	1B1	1H1	1N1	3A1	3B1	3H1	全部	如 5.0.6.6 中允许的

包装说明 856

△ 经营人差异:5X-02,AY-04,BR-12,CA-10,CI-04,CX-02/05,EY-03,FX-02/17,JL-09,KA-02/05,KE-07,LD-02/06,M6-01,MK-12,NH-06,OZ-08,TG-02

本说明适用于仅限货机运输包装等级为 Ⅲ 级的第 8 类液体。

必须满足 5.0.2 的一般包装要求。

包装说明 856（续）

相容性要求

- 物质必须按 5.0.2.6 的要求与它们的包装相容；
- 金属包装必须耐腐蚀或具有防腐蚀措施；
- 只有在第 8 类物质无氢氟酸时，才允许该物质装在玻璃或陶瓷的内包装内。

封口要求

- 封口必须满足 5.0.2.7 的要求。

附加包装要求

- 所有包装必须满足 Ⅱ 级包装性能标准。

允许组合和单一包装。

组合包装		
内包装（见 6.1）	每个内包装的净量	每个包装件的总净量
玻璃	5.0 L	
金属	10.0 L	60.0 L
塑料	5.0 L	

外包装																
类型	桶						方形桶			箱							
名称	钢	铝	胶合板	纤维	塑料	其他金属	钢	铝	塑料	钢	铝	木材	胶合板	合成木材	纤维板	塑料	其他金属
规格	1A1 1A2	1B1 1B2	1D	1G	1H1 1H2	1N1 1N2	3A1 3A2	3B1 3B2	3H1 3H2	4A	4B	4C1 4C2	4D	4F	4G	4H1 4H2	4N

单一包装								
类型	桶				方形桶			复合	气瓶
名称	钢	铝	塑料	其他金属	钢	铝	塑料	塑料	
规格	1A1 1A2	1B1 1B2	1H1 1H2	1N1 1N2	3A1 3A2	3B1 3B2	3H1 3H2	全部	如 5.0.6.6 中允许的

包装说明 858

经营人差异：5X-02，AA-01，AM-08，AS-02，BR-02，BY-01，BW-01，FX-02，KE-07，OM-12，TU-11，UX-04，VN-04

本说明适用于客机运输包装等级为 Ⅰ 级的第 8 类固体。

必须满足 5.0.2 的一般包装要求。

相容性要求

- 物质必须按 5.0.2.6 的要求与它们的包装相容；
- 金属包装必须耐腐蚀或具有防腐蚀措施；
- 只有在第 8 类物质无氢氟酸时，才允许该物质装在玻璃或陶瓷的内包装内。

附录6
国际航空运输协会联运文电代码

下列货运标准代码是在航空公司及行业内广泛使用的,其含义为:

CAO:只限货运飞机(仅限货机)

DGD:托运人危险品申报单

EBI:根据包装说明 965 第 Ⅱ 部分例外的锂离子电池

EBM:根据包装说明 968 第 Ⅱ 部分例外的锂金属电池

ELI:根据包装说明 966-967 第 Ⅱ 部分例外的锂离子电池

ELM:根据包装说明 969-970 第 Ⅱ 部分例外的锂金属电池

ICE:固体二氧化碳(干冰)

IMP:联运文电代码

MAG:磁性物质

RCL:低温液体(包装说明 202)

RCM:腐蚀的

RCX:1.3C 爆炸品

RDS:生物物质,B 类(UN 3373)

REQ:例外数量的危险品

REX:为通常是禁止的爆炸品预留吨位,列入 1.1、1.2、1.3、1.4F、1.5 和 1.6 项

RFG:易燃气体

RFL:易燃液体

RFS:易燃固体

RFW:遇湿危险

RGX:1.3G 爆炸品

RIS:感染性物质(UN2814 or UN 2900)

RBI:根据包装说明 965 Ⅰ A 及 Ⅰ B 部分完全受限的锂离子电池(第 9 类, UN 3480)

RBM:根据包装说明 968 Ⅰ A 及 Ⅰ B 部分完全受限的锂金属电池(第 9 类, UN 3090)

RLI:根据包装说明 966-967 第 Ⅰ 部分完全受限的锂离子电池(第 9 类, UN 3481)

RLM:根据包装说明 969-970 第 Ⅰ 部分完全受限的锂金属电池(第 9 类, UN 3091)

RMD:其他危险品

RNG:非易燃,非毒性气体

ROP:有机过氧化物

RXD:1.4D 爆炸品

ROX:氧化剂

RXE:1.4E 爆炸品

RPB:毒性物质

RXG:1.4G 爆炸品

RPG:毒性气体

RXS:1.4S 爆炸品

RRE:放射性物品例外包装件

RRW:Ⅰ级放射性物品——白色

RRY:Ⅱ级放射性物品——黄色、Ⅲ级放射性物品——黄色

RSB：聚合颗粒 / 塑料模具组件（包装说明 957）
RSC：自燃
RXB：1.4B 爆炸品
RXC：1.4C 爆炸品
RXD：1.4D 爆炸品
RXE：1.4E 爆炸品
RXG：1.4G 爆炸品
RXS：1.4S 爆炸品

参考文献

References

[1] 杜珺,陆东 . 民航危险品运输 [M]. 北京:中国民航出版社,2015.

[2] 王益友 . 航空危险品运输 [M]. 北京:化学工业出版社,2013.

[3] 杜珺 . 民航乘务危险品运输教程 [M]. 北京:中国民航出版社,2015.

[4] 崔克清 . 危险化学品安全总论 [M]. 北京:化学工业出版社,2005.

[5] 周长江 . 危险化学安全技术管理 [M]. 北京:中国石化出版社,2004.

[6] 肖瑞萍 . 民用航空危险品运输基础知识 [M]. 北京:科学出版社,2012.

[7] 马丽珠,吴卫锋 . 民航危险品货物运输 [M]. 北京:中国民航出版社,2008.

[8] 石月红,王东 . 民航危险品运输 [M]. 北京:国防工业出版社,2017.

[9] 李芙蓉 . 民航危险品运输 [M]. 北京:清华大学出版社,2017.

[10] 王益友 . 航空危险品运输 [M]. 北京:化学工业出版社,2013.

[11] 白燕 . 民航危险品运输基础知识 [M]. 北京:中国民航出版社,2010.